2021年上海科普教育发展基金会资助项目

数学

U0174760

新体验

从自然数的加减乘除到熔化的点

[美] 詹姆斯·坦顿
James Tanton
[美] 哈罗德·莱特
Harold B. Reiter

著

邹云志 | 编译

SURPRISING EXPLORATIONS

IN ELEMENTARY

MATHEMATICS

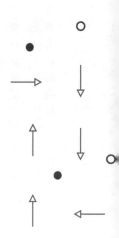

世界图书出版公司

上海 · 西安 · 北京 · 广州

图书在版编目（CIP）数据

数学新体验：从自然数的加减乘除到熔化的点/（美）詹姆斯·坦顿，（美）哈罗德·莱特著；邹云志编译.
—上海：上海世界图书出版公司，2022.1（2024.8重印）
ISBN 978-7-5192-8902-7

Ⅰ.①数… Ⅱ.①詹… ②哈… ③邹… Ⅲ.①数学—青少年读物 Ⅳ.①O1-49

中国版本图书馆CIP数据核字（2021）第182103号

书　　名	数学新体验：从自然数的加减乘除到融化的点	
	Shuxue Xin Tiyan : Cong Ziranshu de Jia-jian-cheng-chu Dao Ronghua de Dian	
著　　者	[美]詹姆斯·坦顿，[美]哈罗德·莱特	
编　　译	邹云志	
责任编辑	陈　亮	
出版发行	上海世界图书出版公司	
地　　址	上海市广中路88号9—10楼	
邮　　编	200083	
网　　址	http://www.wpcsh.com	
经　　销	新华书店	
印　　刷	三河市国英印务有限公司	
开　　本	880mm×1230mm　1/32	
印　　张	7.75	
字　　数	240 千字	
版　　次	2022 年 1 月第 1 版　　2024 年 8 月第 2 次印刷	
书　　号	ISBN 978-7-5192-8902-7	
定　　价	58.00 元	

目录

前言

教学的艺术，就是帮助学生发现问题的艺术！

——马克·冯·多伦（Mark Van Doren）

刚过去的几个月，注定不平凡！不管是高科技领域的科技战，还是突如其来的新冠疫情，人们都看到了 5G 通信、云计算、大数据、人工智能等高新科技在社会进步和危机处理中的巨大应用。数学等基础学科在引领原创性、突破性科技革命中的作用广为人知。2019 年 7 月，科技部、教育部、中科院、自然科学基金委四部委联合印发《关于加强数学科学研究工作方案》，方案指出"数学是自然科学的基础，也是重大技术创新发展的基础。数学实力往往影响着国家实力，几乎所有的重大发现都与数学的发展与进步相关，数学已成为航空航天、国防安全、生物医药、信息、能源、海洋、人工智能、先进制造等领域不可或缺的重要支撑"。2020 年 1 月教育部发布《关于在部分高校开展基础学科招生改革试点工作的意见》(也称"强基计划")，2020 年 2 月《科技部办公厅关于支持首批国家应用数学中心建设的函》等等都体现了国家对基础学科尤其是数学学科的高度重视。

经过几十年的发展，我国在数学研究和数学教育领域的成果有目共睹，但也存在一些问题，比如袁亚湘院士 2020 年 2 月接受《教育家》专访时也谈到"数学不能当成语文来学""过度刷题有害无益""不能输在起跑线上的观点这是不对的，反对超前学习""一个人热爱数学、有学习能力，才叫基础好有潜力""中小学的数学教学，最重要的是要引导孩子们对数学感兴趣""很多学生机械的记忆了'三七二十一'，但没有明白'三七二十一'就是三个七或者七个三相加"等观点。我们知道和袁院士一样，广大国内数学家和数学教育工作者也都非常关注数学教育，如何更好地学好数学、教好数学成为新时代我们这一代数学工作者义不容辞的光荣职责和神圣使命。

学习者源自内心的兴趣和自信对学好数学非常重要！研究表明丰富的数学视野有助于提升学习者的兴趣，而兴趣和理解正相关。如果不能很好地理解数学基本概念，会影响学生在这门课的长期学习。本书正是围绕这两个要素来编写的。MathPath 的创始人托马斯博士曾说"和其他学科一样，数学的发展是'从问题到答案，从答案又到新的问题'""让学生体验数学和增强信心的一个很好的方式就是做一些能做的问题，这些问题可以是学校课本的问题或者是竞赛中的问题，因为它们都是可解决 (doable) 的问题"。本书作者坦顿博士在 *Mathematics Galore!* 一书的序言中写道"数学不是一些数字的问题,数学是一片思想和奇迹的风景……在数学中有无穷无尽、匪夷所思、令人惊叹的奇迹,而这正是数学家孜孜不倦、梦寐以求的动力所在!"。

本书分为三个部分,共 18 章,每章是相对独立的一个专题,读者可以从任意一章开始阅读。1~8 章讲述四则运算、进制、分数、算术基本定理。9~13 章为几篇研究短文,14~18 章为问题解决专题。从数学基本概念理解、数学研究短文、问题解决或竞赛中的数学问题三个维度为读者呈现数学之美,丰富数学视野。

两位作者均为美国教育专家,均有 30 年以上的数学教育经验。本书中的内容均不涉及复杂的数学知识,通俗易懂,生动形象。书中内容均为两位专家原创并在国内首次出版。作者之一坦顿博士是普林斯顿大学博士,曾在普林斯顿大学任教,对数学教育尤其是中小学数学教育有非常深入的理解。坦顿博士是 St. Mark 数学俱乐部创始人,超过 20 本畅销书的作者,包括 *Solving This: Mathematical Activities for Students and Clubs*,*Mathematics Galore!*,*Encyclopedia of Mathematics* 等等,还曾获雷神数学英雄奖,美国数学协会 MAA 的 Beckenback 及 Trevor Evans 优秀图书奖等。另一位作者莱特博士是北卡大学教授,AMC 10 创始人,夏洛特数学俱乐部创始人,曾任美国数学竞赛 AMC 命题委员会主席,美国数学教育总统奖遴选委员会委员,SAT II 数学委员会主席等,2012 年荣获北卡社会服务杰出贡献奖。

本书为英文版本的中译本。全书结构和英文版相同,部分内容相对原文有所取舍。本书适合数学爱好者自学,也适合学校开展双语学习和研究性学习,对竞赛数学的学习也会有较大帮助。

相信本书的出版能为读者提供更丰富、更美好的数学学习体验。

邹云志

2020 年 3 月于蓉城

自然数、加法与乘法

1

本章导读

  人类历史上最早的数学活动是什么呢？它也许就是计数了。1937 年考古学家在摩拉维亚（Moravia）发现了一个有刻痕的狼的胫骨，据考证大约是公元前 3 万年人的遗迹，上面有 55 个刻痕，前 25 个每 5 个一组。

图 1.1

  这明显表示当时有人在计数，数什么呢？（鹿数？天数？）

  自然数是人们用于计数的整数 1，2，3，4，5，……本章用形象通俗的语言解释自然数的加法，加法交换律、结合律，乘法，乘法交换律、结合律以及分配律；并介绍了 4 种奇异的乘法。

问题 1.1

(a) a 和 b 是自然数，$a + b$ 等于 $b + a$ 么？为什么？

(b) $2 + (3 + 4)$，怎么理解这里括号的意义？

(c) 3×4 可以表示一个长方形的面积，什么样的长方形？

(d) $(2 + 3)(3 + 4)(5 + 6)$ 有没有什么几何意义？

(e) 存在最大的自然数吗？

(f) 怎么计算乘积 218×12？能提出几种不同的方法吗？ ■

在空白处写下你的解答 →

1.1　自然数、加法交换律与结合律

　　自然数 1, 2, 3, $\cdots$，是人们用来计数的整数。有人把 0 算作自然数，也有人不把 0 算作自然数。数学家在写作文献时一般会申明他的自然数里有没有包括 0。比如"让我们用

$$\mathbb{N} = \{0, 1, 2, 3, \cdots\}$$

来表示自然数的集合"等。

注：在本书中，我们所指的自然数包括 0。本章中我们用自然数的运算来解释一般实数的运算。如无特别说明，本书中所指的数均是实数，不涉及复数。

问题 1.2

有没有最大的自然数呢？　　　　　　　　　　　　　　　　　　　　　■

　　1938 年，9 岁的米尔顿·西罗塔（Milton Sirotta），美国数学家爱德华·卡斯纳尔（Edward Kasner）的外甥，用英文单词 googol 表示一个自然数：1 后面有 100 个 0，1000$\cdots$00。同时他也用英文单词 googolplex 表示自然数：1 后面有 googol 个 0。这是一个巨大的自然数。[注：著名的互联网公司谷歌（Google）名字即源于此。]

问题 1.3

举出一个比 googolplex 更大的自然数。　　　　　　　　　　　　　　■

　　我们这里用自然数来数 ●。比如：

2 代表 2 个小圆点: ●●

5 代表 5 个小圆点: ● ● ● ● ●

关于加法

问题 1.4

用小圆点来描述，式 2 + 3 = 5 表示什么？　　　　　　　　　　　　■

答：2 个小圆点和 3 个小圆点合在一起共有 5 个小圆点。

●● | ●●●

图 1.2

问题 1.5

式子 $2+3$ 和式子 $3+2$ 表示的结果是一样的么? ■

答：是的。将上面的 5 个小圆点倒过来看!

上面将一排小圆点的图倒过来看的视角，我们可以理解算术关于加法的如下一个基本规则。

规则 1：

对于任何两个数 a 和 b，我们都有：$a+b=b+a$。

这称为加法的交换律。

关于括号

问题 1.6

式 $2+3+4$ 表示什么? ■

答：可以用下面两种方式来理解：

- 先把 2 和 3 加起来（得到 5），然后再加 4；
- 先把 3 和 4 加起来，记住答案（得到 7），然后用 2 加上 7。

我们用括号来表示这两种加法的顺序：

- $(2+3)+4$；
- $2+(3+4)$。

注：当然，不管什么样的顺序，最后的结果一定是一样的。加上括号是要明确我们相加的顺序：先加哪些，再加哪些。所以我们要先有如下的约定。

约定 1：

如果括号出现在一个表达式中，那么先计算括号内的量。比如：

$$(4+3)+5=7+5=12$$

$$2+(1+2)=2+3=5$$

如果一个括号里面还有括号，先计算最里层的括号内的数。同等"层级"的括号，里面的数可同时计算，比如：

$$3+[4+(5+6)]=3+(4+11)=3+15=18$$

$$[(2+3)+(3+5)]+(7+9)=(5+8)+16=13+16=29$$

把 2 个小圆点，3 个小圆点，4 个小圆点并排放在一起求总数，我们先加哪两个再加第三个，最后的结果一定是一样的。就是说 $2 + (3 + 4)$ 和 $(2 + 3) + 4$ 是相等的。因此我们可以接受算术的如下另外一个规则。

规则 2:

对任意 3 个数 a, b, c，我们有：$a + (b + c) = (a + b) + c$。

这称为加法的结合律。

活动：**括号数**

（这个活动表明即使在最简单的算术概念里也蕴含着非常深刻的数学原理。）

对于 4 个数相加 $a + b + c + d$，有 5 种加括号的方式，使得每次运算都只涉及 2 个数：

$$[(a + b) + c] + d, \ a + [(b + c) + d]$$
$$[a + (b + c)] + d, \ a + [b + (c + d)]$$
$$(a + b) + (c + d)$$

先确定你理解这个规则！

(a) 验证：对一个 5 个数的和式，有 14 种加括号的方式；

(b) 对一个 6 个数的和式，列出按上述规则所有可能的加括号的方式；

(c) 对一个 7 个数的和式，有多少种方式呢？8 个数的和式呢？

互联网查阅

在互联网上搜索"卡特兰数"（Catalan Number），记录下你的发现。

1.2 乘法及其交换律

乘法

自然数的乘法实际上是加法的重复，比如：2×3 表示有 3 组小圆点，每组有 2 个小圆点。"每组有 2 个，共有 3 组"，所以

$$2 \times 3 = 2 + 2 + 2 = 6$$

又比如：4×5 表示有 5 组小圆点，每组有 4 个小圆点。"每组有 4 个，共有 5 组"所以

$$4 \times 5 = 4 + 4 + 4 + 4 + 4 = 20$$

几何上看,"4×5"表示一个长方形的点阵,共有 5 列,每列有 4 个小圆点,如下图所示:

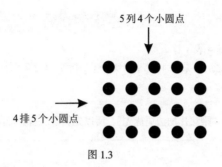

图 1.3

从上往下看,我们看到 5 列小圆点,每列有 4 个。但从左往右看,我们看到 4 排小圆点,每排有 5 个。当然我们看到的都是那 20 个小圆点。所以这个图告诉我们 4×5 和 5×4 是相等的。同样的道理我们知道 17×23 和 23×17 是相等的,而 1538×73243 和 73243×1538 也是相等的。因此我们可以接受算术的如下又一个规则。

规则 3:

   对任意数 a 和 b,我们有

$$a \times b = b \times a$$

   这是乘法的交换律。

注:有时候,数学家们也用一个点"·"来代替乘号"×"。比如:"$2 \cdot 3$"和"2×3"是相同的,"$20 \cdot 40$"和"20×40"也是相同的。如果是字母的话,点号有时也省略了,比如"ab"就表示"$a \times b$"。

   关于"0"和"1"与数 a 的加法或乘法,我们也有如下规则。

规则 4:

   对任意数 a,我们有

$$a \times 1 = 1 \times a$$
$$a + 0 = 0 + a$$

1.3 加法和乘法的混合运算

问题 1.7

　　式子 $2+3\times 4$ 表示什么？

　　是指 $2+3$ 之后再乘以 4 得到 20 呢？还是指 3×4 之后再加上 2，就是说 $2+12$ 得到 14？　■

答：数学家们约定"乘法比加法更优先"，所以先算乘法再算加法得到 14。

约定 2：

　　如果一个表达式里面既有乘法又有加法，没有括号的话，总是先算乘法。如果有括号那么"约定 1"优先，即先算括号内的量。比如：

$$2+3\cdot 4=2+12=14$$

$$2\cdot 7+3\cdot 5=14+15=29$$

$$2\cdot(3+4)+5\cdot 4=2\cdot 7+5\cdot 4=14+20=34$$

注意最后的一个式子中，我们优先算了括号内的数。

打开括号——分配律

　　乘法的几何模型是"面积"。两个数的乘法对应着一个长方形的面积。比如，一个 3×4 的长方形（如图 1.4 所示）

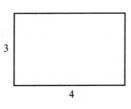

图 1.4

式子 $3\times 4=12$ 就对应着把这个长方形分成 4 组，每组有 3 个单位正方形（如图 1.5 所示），所以总共有 12 个单位正方形（这和数小圆点是一样的，这里我们数的是单位正方形）。

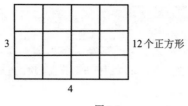

图 1.5

我们来看一些例子。

例 1.1

计算 23×37。就是说求一个长、宽分别为 37 和 23 的长方形的面积。 ∎

解: 如果直接计算稍微有点烦琐。但是我们可以通过把长方形分成几块来简化运算。我们把边长"23"分成"$20+3$",把另一边长"37"分成"$30+7$"。所以这个长方形就被分成了如图 1.6 所示的 4 块:

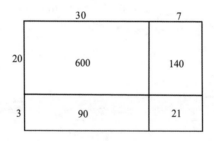

图 1.6

整个长方形的面积等于 4 个小块方形的面积的和,即

$$23 \times 37 = 600 + 140 + 90 + 21 = 851$$

这样算容易一些!

注意我们怎么做的:

$$23 \times 37 = (20+3) \cdot (30+7)$$
$$= 20 \cdot 30 + 20 \cdot 7 + 3 \cdot 30 + 3 \cdot 7$$

这等于是从第一个括号里选 20 或者 3,再从第二个括号里选 30 或者 7,把它们相乘后,再把所有可能的乘积相加。

例 1.2

计算 15×17。　　　　　　　　　　　　　　　　　　　　　　■

解：我们可以按下图的方式把一个 15×17 的长方形分成 4 块，再来计算各块的面积，再相加即可。

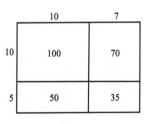

图 1.7

$$15 \times 17 = (10 + 5) \cdot (10 + 7)$$
$$= 10 \cdot 10 + 10 \cdot 7 + 5 \cdot 10 + 5 \cdot 7$$
$$= 100 + 70 + 50 + 35$$
$$= 255$$

例 1.3

计算 371×42。　　　　　　　　　　　　　　　　　　　　　　■

解：我们把一个 371×42 的长方形分成 6 块，如下图：

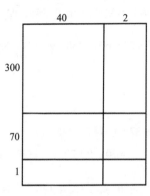

图 1.8

$$371 \times 42 = (300 + 70 + 1) \cdot (40 + 2)$$
$$= 300 \cdot 40 + 70 \cdot 40 + 1 \cdot 40 + 300 \cdot 2 + 70 \cdot 2 + 1 \cdot 2$$
$$= 12000 + 2800 + 40 + 600 + 140 + 2$$
$$= 15582$$

注意到即使是像 $(300 + 70 + 1) \cdot (40 + 2)$ 这样的表达式，我们也可简单的在一个括号里面选一个数，再在另一个括号里面选一个数相乘，所有可能的结果再相加即可（注意确保覆盖盖全部可能的配对组合）。

问题 1.8

下面表达式的几何意义是什么？

$$(a + b + c + d)(e + f + g)$$

打开括号后，总共会有多少项？ ■

根据乘法的"面积"模型，我们可以接受如下规则。

规则 4：

两个和式的乘积（每个和式都用括号括起来）是从一个括号里选一个数，再从另外一个括号里选一个数相乘，然后将所有可能的这样的乘积相加。比如：

- $(a + b + c)(x + y + z) = ax + bx + cx + ay + by + cy + az + bz + cz$
- $(a + b) \times c = ac + bc$
- $(x + y)(p + q) = xp + xq + yp + yq$

这个规则叫分配律。

注：上面第二个例子我们可以理解为 $(a + b) \times (c)$，只不过第二个括号只有一个数可以选。

再进一步……

问题 1.9

如果 $(3 + 7)(4 + 5)$ 可以对应把一个长方形分成 4 块的几何模型，那么 $(2 + 3)(4 + 5)(6 + 7)$ 对应什么样的几何模型呢？ ■

答： $(2 + 3)(4 + 5)(6 + 7)$ 可以对应把一个空间三维长方体分成 8 块。

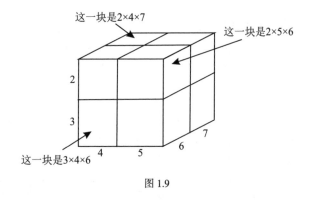

这一块是2×4×7

这一块是2×5×6

这一块是3×4×6

图 1.9

这 8 块的体积相加：

$$(2+3)(4+5)(6+7)$$
$$= 2 \times 4 \times 6 + 2 \times 4 \times 7+$$
$$3 \times 4 \times 6 + 3 \times 4 \times 7+$$
$$2 \times 5 \times 6 + 2 \times 5 \times 7+$$
$$3 \times 5 \times 6 + 3 \times 5 \times 7$$

注意，这正是我们之前规则 4 介绍的分配律！

我们计算的结果表明：$5 \cdot 9 \cdot 13 = 48 + 56 + 72 + 84 + 60 + 70 + 90 + 105$。

注： 我们的运算假定了一个乘法的如下性质。

规则 5：

对于任何数 a, b, c，我们有：$a(bc) = (ab)c$。

这称为乘法的结合律。

问题 1.10

如何用体积模型解释乘法的结合律？   ■

问题 1.11

如果我们要打开括号：

$$(x+y+z)(a+b+c+d)(r+s)$$

总共会有多少项？有对应的几何模型吗？   ■

问题 1.12

如果我们打开括号：

$$(x + y)(x + a + b)(a + c + p)(e + f)$$

(a) 总共会有多少项相加？

(b) $xace$ 会在其中吗？ca^2yf，$xcpe$，$xaxf$ 及 $xyce$ 呢？

(c) 这个式子有对应的几何模型吗？

(d) 一个数 x 乘以本身，我们记为 x^2，读作 "x 的平方"。注意 "平方" 这个词，这么叫是因为 x^2 是一个边长为 x 的正方形的面积。而 $x^3 = x \times x \times x$，我们读作 "$x$ 的立方"，这是因为 x^3 是一个边长为 x 的立方体的体积。为什么我们对 $x^4 = x \times x \times x \times x$ 没有一个特别的名字呢？ ∎

1.4 4 种 "奇异" 的乘法

在学校里，我们学习了乘法的运算。例如我们计算 83×27，我们可以列一个如下的算式：

```
        8  3
   ×    2  7
   ──────────
        2  1
     5  6  0
        6  0
   1  6  0  0
   ──────────
   2  2  4  1
```

请问这和下面的 "打开括号" 有区别么？

$$83 \times 27 = (80 + 3)(20 + 7) = 1600 + 60 + 560 + 21$$

下面是上式乘法的面积模型。

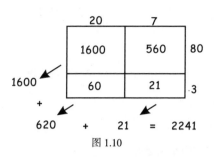

图 1.10

注意：对角线的数字相加对应着把相应的百位、十位和个位相加。

奇异乘法 1：格子法

　　大约在 1500 年的英格兰，学生们学的乘法叫格子法，或伊丽莎白方法。

　　如要将 218 和 43 相乘，画一个 3×2 的方形格子，并作如下运算：

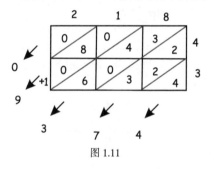

图 1.11

从而得到 218 × 43 = 9374。

　　应用这种方法解决如下问题：

问题 1.13

(a) 计算 5763 × 345。

(b) 解释这个方法为什么本质上就是"打开括号"

$$5763 \times 345 \text{ 等于 } (5000 + 700 + 60 + 3)(300 + 40 + 5) \text{ 吗？}$$

那些对角线的功能是什么？　　　　　　　　　　■

奇异乘法 2: 交线法

　　比如说计算 22×13, 我们画出如图 1.12 所示的 4 根横线和 4 根竖线。

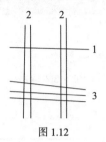

图 1.12

　　这里共有 4 个地方有交点, 如图 1.13 所示, 数一数交点的个数:

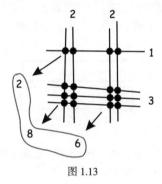

图 1.13

　　我们得到答案 286。

　　图 1.14 是计算 246×32 的情况 (有进位):

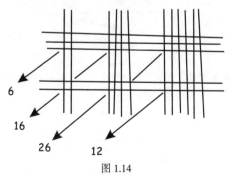

图 1.14

　　答案是 6 个千, 16 个百, 26 个十, 12 个 1, 然后超过 10 的向上进位把它写成 7 872。

应用这种方法解答下述问题。

问题 1.14

(a) 计算 131×122。

(b) 计算 54×1332。

(c) 用交线法，如何简便地计算 102×30054 呢?

(d) 为什么这个方法可行? ∎

奇异乘法 3: 条形法

这儿有另外一个做乘法的方法。比如计算 341×752。我们将两个数写在两个条形纸上，其中一个数将数字的次序颠倒，比如 341，写作 143（如图 1.15a 所示）。

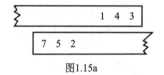

图1.15a

向左移动上面的纸条，直到第一个数字和下面纸条的个位数对齐，将它们相乘，结果写在下方（如图 1.15b 所示）。

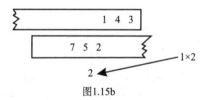

图1.15b

继续移动上面的纸条，直至下一个数字对齐，将对应的两列数字分别相乘再相加，将结果写在下方（如图 1.15c 所示）。

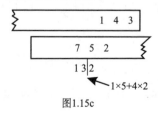

图1.15c

继续这个过程:

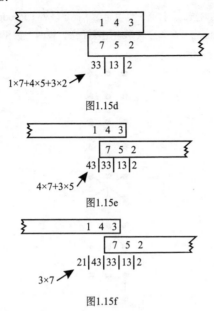

图1.15d

图1.15e

图1.15f

我们得到 341 × 752 的答案是:

21|43|33|13|2

即是说，21 个万，43 个千，33 个百，13 个十，2 个一。进位后我们得到 256 432。

也可以通过下面的方式完成进位。

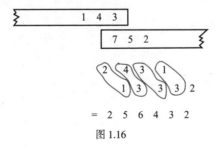

= 2 5 6 4 3 2

图 1.16

为什么这个方法是正确的?

奇异乘法 4: 吠陀法

1911 年左右的时候, 巴拉蒂·克里希纳·提尔塔吉 (Jagadguru Swami Bharati Krishna Tirthaji Maharaj) 在印度教学生用吠陀法计算两个数相乘。比如计算 2 个 3 位数的乘积, 如下图所示:

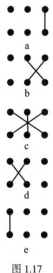

图 1.17

请思考, 这一系列的图形, 是如何实现两个三位数的乘法的?

三角数、平方数及其他

2

本章导读

相信大多数读者都知道大数学家高斯小时候计算

$$1 + 2 + 3 + \cdots + 100 = 5050$$

的故事。或者更一般的

$$1 + 2 + 3 + \cdots + n = \frac{n(n+1)}{2}$$

但本章没有从代数的角度，而是从观察一个 6×6 的点阵开始，更直观地得到了相应的求和公式。而这种方法又可以用于直观地发现和解释很多和三角数及平方数有关的规律！这个看似普通的点阵，蕴含着很多神奇的数学！

问题 2.1

(a) 前 $1\,000$ 个正整数的和等于多少？前 $1\,000$ 个正奇数的和等于多少？

(b) 什么是三角数？什么是平方数？

(c) 三角数和平方数之间有哪些关系？

(d) 10 个人里面选 2 个人参加一个比赛，总共有多少种可能性？ ∎

在空白处写下你的解答 →

2.1 一个"聪明"的求和方式

观察下图：一个 6×6 的点阵，一共有 6×6 个小圆点。

图 2.1

问题 2.2

从这个点阵图，你能看出下面的等式吗？

$$1 + 2 + 3 + 4 + 5 + 6 + 5 + 4 + 3 + 2 + 1 = 6 \times 6 = 36$$　■

答：可以。仔细看看对角线！

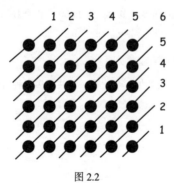

图 2.2

同理，从一个 10×10 的点阵，我们可以得到下面的等式：

$$1 + 2 + 3 + 4 + 5 + 6 + 7 + 8 + 9 +$$
$$10 + 9 + 8 + 7 + 5 + 4 + 3 + 2 + 1 = 100$$

一般地，我们有：

$$1+2+3+\cdots+(n-1)+n+(n-1)+\cdots+3+2+1=n^2$$

以及

$$\underbrace{1+2+3+\cdots+(n-1)+n}+\underbrace{(n-1)+\cdots+3+2+1+n}=n^2+n$$

从而

$$1+2+3+4+\cdots+n=\frac{n(n+1)}{2}$$

回到前面的 6×6 的点阵图：

问题 2.3

从图中可以看出等式 $1+3+5+7+9+11=36$ 吗？ ■

一般地，我们可以得到：

前 n 个奇数的和等于 n^2。

问题 2.4

那么，前 n 个偶数的和呢？比如说

$$2+4+6+8+10+12=?$$

如何从点阵图上得到这个和式呢？ ■

一般地，我们可以得到：

前 n 个偶数的和等于 $n(n+1)$（或者等价的 n^2+n）。

问题 2.5

快速给出答案：

(a) 从 1 一直加到 $1\,000\,000$（即前 $1\,000\,000$ 个自然数的和）等于多少？

(b) 前 500 个奇数的和等于多少？

(c) 前 999 个偶数的和等于多少? ∎

2.2 三角数

如图 2.3 所示的这类数称为**三角数**。

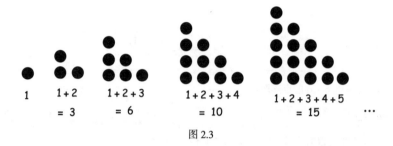

图 2.3

问题 2.6

第 75 个三角数是多少? ∎

一般地，第 n 个三角数是

$$1 + 2 + 3 + \cdots + n = \frac{n(n+1)}{2}$$

我们记作 T_n。比如第 5 个三角数 $T_5 = \frac{5 \times 6}{2} = 15$。

问题 2.7

注意到:

1 是第 **1** 个奇数，且 $1 \times 1 = 1$ 是第 **1** 个三角数;

3 是第 **2** 个奇数，且 $3 \times 2 = 6$ 是第 **3** 个三角数;

5 是第 **3** 个奇数，且 $5 \times 3 = 15$ 是第 **5** 个三角数;

7 是第 **4** 个奇数，且 $7 \times 4 = 28$ 是第 **7** 个三角数;

9 是第 **5** 个奇数，且 $9 \times 5 = 45$ 是第 **9** 个三角数。

请解释这个规律为什么是成立的?

特纳·波伦（Turner Bohlen）8 岁的时候，发现了这个规律。 ∎

问题 2.8

1. 请解释为什么图 2.4 中所有数字的和等于前 6 个三角数之和。

$$
\begin{array}{l}
1 \\
1\ 2 \\
1\ 2\ 3 \\
1\ 2\ 3\ 4 \\
1\ 2\ 3\ 4\ 5 \\
1\ 2\ 3\ 4\ 5\ 6
\end{array}
$$

图 2.4

2. 利用图 2.5 解释为什么前 6 个三角数的 3 倍等于第 6 个三角数的 8 倍。

$$
\begin{array}{llll}
\begin{array}{l}
1 \\
1\ 2 \\
1\ 2\ 3 \\
1\ 2\ 3\ 4 \\
1\ 2\ 3\ 4\ 5 \\
1\ 2\ 3\ 4\ 5\ 6
\end{array}
&+\quad
\begin{array}{l}
1 \\
2\ 1 \\
3\ 2\ 1 \\
4\ 3\ 2\ 1 \\
5\ 4\ 3\ 2\ 1 \\
6\ 5\ 4\ 3\ 2\ 1
\end{array}
&+\quad
\begin{array}{l}
6 \\
5\ 5 \\
4\ 4\ 4 \\
3\ 3\ 3\ 3 \\
2\ 2\ 2\ 2\ 2 \\
1\ 1\ 1\ 1\ 1\ 1
\end{array}
&=\quad
\begin{array}{l}
8 \\
8\ 8 \\
8\ 8\ 8 \\
8\ 8\ 8\ 8 \\
8\ 8\ 8\ 8\ 8 \\
8\ 8\ 8\ 8\ 8\ 8
\end{array}
\end{array}
$$

图 2.5 ∎

一般地，我们可以得到：前 n 个三角数和的 3 倍等于第 n 个三角数的 $(n+2)$ 倍，也就是说

$$3(T_1 + T_2 + \cdots + T_n) = (n+2)T_n$$

下面几个活动的问题都涉及三角数，但乍一看没那么明显。

活动：糖果分堆

斯淳有 9 块糖果。她先把它分成两堆，一堆里有 4 块糖，另一堆里有 5 块糖。她拿出笔在纸上写下：$4 \times 5 = 20$。她接着往下分（如图 2.6 所示），把有 4 块糖的那一堆又分成 2 堆，每堆有 2 块糖，并记下相应的乘积。把有 5 块糖的那堆分成 2 堆，一堆有 2 块，另一堆有 3 块，也记下相应的乘积。依次下去，直到每一堆都只有一块糖为止。

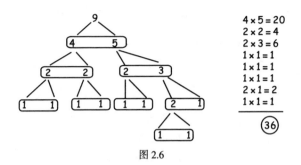

图 2.6

当斯淳把她得到的所有乘积加起来后，她得到了一个神奇的数 36。

(a) 自己玩一下这个分堆游戏，每次随心所欲的分堆。最后你是否也得到这个神奇的数 36？

(b) 再玩几次这个游戏，假设糖果的数量分别为 8，7，6，5，4，3 还有 2。你得到什么数字了呢？

(c) 如果这个游戏里有 101 块糖，你会得到一个什么数？

(d) 请解释每次固定糖果的个数，为什么不管怎么分堆，得到的都是同一个数？

活动：**交点数学**

有一个新类型的数学称为"交点数学"。在这种数学里，为了计算两个数的乘积，比如 4 乘以 3：先画两条水平的线，上面一条放 4 个点，下面一条线放 3 个点。然后把上面那条线的点和下面那条线的点一一连接起来（如图 2.7 所示。注意，点和点的距离要足够开，以避免三线共点的情况）。在"交点数学"中，4 乘以 3 等于图中交点的个数 18。为区别普通乘法，我们把这个乘法记为 $4 \otimes 3 = 18$。

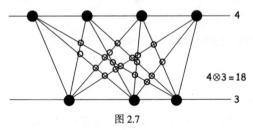

$4 \otimes 3 = 18$

图 2.7

在"交点数学"的乘法中：

(a) 是否 $3 \otimes 4$ 也等于 18 呢？如果是，为什么？

(b) $1 \otimes 107$ 等于多少？

(c) 绘制一个 $6 \otimes 6$ 的乘法表。发现了什么规律？

(d) $963 \otimes 4036$ 等于多少？

活动：长方形数学

这儿有另外一类数学，称为"长方形数学"。在这类数学里，要计算乘法，比如 4 乘以 3，我们画一个 4×3 的点阵，如图 2.8 所示。

图 2.8

然后数一下 4 个顶点都是点阵中的某 4 个点的水平或者竖直的长方形个数（正方形也算是长方形）。上图中有 6 个 1×1 的长方形，有 3 个 1×2 的长方形，有 4 个 2×1 的长方形，有 2 个 2×2 的，有 2 个 3×1 的及 1 个 3×2 的，所有总数就为 18。我们也记为

$$4 \otimes 3 = 18$$

(a) "长方形数学"和"交点数学"中 4 乘以 3 都等于 18，是个巧合么？

(b) 绘制一个 $6 \otimes 6$ 的乘法表。发现了什么规律？

(c) $963 \otimes 4036$ 在"长方形数学"中等于多少？

活动：派对数学

这儿又有一种数学，称为"派对数学"。在这个数学里，要计算乘法，比如 4 乘以 3：假设你是主人，你有 4 个男性客人：阿尔伯特（Albert），比尔伯特（Bilbert），库斯伯特（Cuthbert），以及狄尔伯特（Dilbert），及 3 个女性客人：艾德温娜（Edwina），费琳娜（Fellina）以及吉娜（Gina）。但是你只能邀请 2 个男性以及 2 个女性参加这个派对。总共有多少种不同的组合方式呢？我们列出所有可能的组合：

AB|EF	*AB|EG*	*AB|FG*	*AC|EF*	*AC|EG*	*AC|FG*
AD|EF	*AD|EG*	*AD|FG*	*BC|EF*	*BC|EG*	*BC|FG*
BD|EF	*BD|EG*	*BD|FG*	*CD|EF*	*CD|EG*	*CD|FG*

总共有 18 种可能性！于是我们规定，在"派对数学"中，4 乘以 3 等于 18。

(a) 是巧合吗？

(b) 在"派对数学"中 $3 \otimes 4$ 也等于 18 吗？

(c) 绘制一个 $6 \otimes 6$ 的乘法表。发现了什么规律？

(d) 在"派对数学"中 $963 \otimes 4036$ 等于多少？

三角数在计数中很多的应用，比如上面的活动及下面的例子。

例 2.1

从 10 个字母 A, B, C, D, E, F, G, H, I, J 中选 2 个字母，有多少种不同的选法？

■

解：我们可以列出所有的可能的结果如下：

AB	AC	AD	AE	AF	AG	AH	AI	AJ
BC	BD	BE	BF	BG	BH	BI	BJ	
CD	CE	CF	CG	CH	CI	CJ		
DE	DF	DG	DH	DI	DJ			
EF	EG	EH	EI	EJ				
FG	FH	FI	FJ					
GH	GI	GJ						
HI	HJ							
IJ								

所以，所有就是

$$1+2+3+4+5+6+7+8+9 = \frac{9(9+1)}{2} = 45$$

种! 它是第 9 个三角数。

注：一些书会用排列组合的术语及记号 C_n^k 或者 $\binom{n}{k}$ 来表述此类问题。我们暂时不采用这些记号及术语，而是通过自然的方式去发现它们，是的，你能!

一般地，我们可以得到：

从 n 个不同的物品中选取 2 个，共有 T_{n-1} 种不同的方式。

问题 2.9

下图中有多少个三角形?

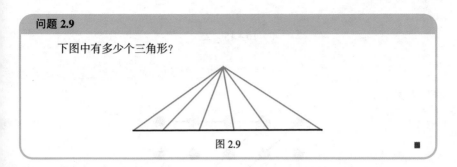

图 2.9　　■

2.3 平方数

如图 2.10 所示的这类数称为**平方数**。

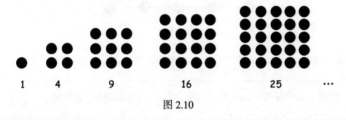

1　　4　　9　　16　　25　　…

图 2.10

问题 2.10

第 97 个平方数是多少?　　■

一般地，我们有

$$第 n 个平方数是 n^2$$

我们记之为 S_n。

三角数与平方数之间有很多神奇的联系。

例 2.2

请解释为什么相邻两个三角数之和一定是个平方数?

$$1 + 3 = 4$$

$$3 + 6 = 9$$

$$6 + 10 = 16$$

$$10 + 15 = 25$$

······

解：如图 2.11 所示：

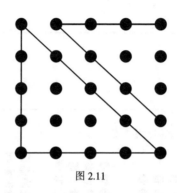

图 2.11

这里我们看到第 4 个三角数与第 5 个三角数正好拼成一个 5×5 的正方形！

一般地，一个正方形的点阵可以分为两个三角形点阵。这意味着

$$S_n = T_n + T_{n-1}$$

例 2.3

下面是一个三角数与平方数的序列：

三角数： 1 3 6 10 15 21 28 36 45 55 …

平方数： 1 4 9 16 25 36 49 64 64 81 …

我们有

$$2 \times 1 + 1 = 3$$
$$2 \times 3 + 4 = 10$$
$$2 \times 6 + 9 = 21$$
$$2 \times 10 + 16 = 36$$
$$2 \times 15 + 25 = 55$$

······

这就是说，我们任选一个三角数，翻倍（乘以 2），再加上与其对应的平方数，所得结果仍然是一个三角数！为什么？

解：两个三角形和一个正方形合在一起是一个新的三角形！

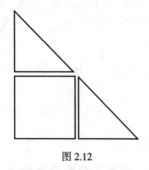

图 2.12

2.4 扩展练习

1. 图 2.13 揭示了三角数的什么性质？

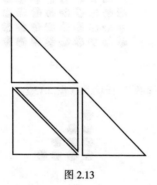

图 2.13

这里，我们有三个相同的三角形和一个稍小一点点的三角形。

2. 考虑 3 个连续的三角数 a, b, c。用几何来说明为什么 6 个相同的三角形（中间那个三角数 b 对应的三角形），连同 a 对应的三角形及 c 对应的三角形，正好可以拼成一个正方形。比如说：选取三角数 $10, 15, 21$，我们有

$$10 + 6 \times 15 + 21 = 121$$

而 121 正好是个平方数。

3. 任意选取一个三角数，乘以 8，再加 1。所得结果一定是一个奇平方数。为什么？

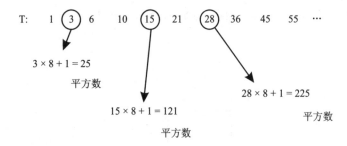

比如 $81 = 10 \times 8 + 1$。

下图为一个 9×9 的正方形点阵。

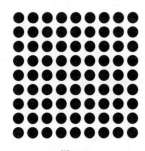

图 2.14

请在上图中找到 8 个不重叠三角形点阵（图 2.15）。

图 2.15

还剩下一个孤零零的点？

用一点对称的想法，找到这个 个三角形点阵。你的方法可以推广到 11×11，13×13，以及其他奇数边长的点阵吗？

[提示：开始之前，先想一想，哪一个点可能是最后那个很特别的孤立点？]

4. 36 是第 6 个平方数，同时也是一个三角数。找到下一个平方数，同时它也是一个三角数。

5. 找到一个不是 1 的三角数，它的平方也是一个三角数。

6. (a) 存在两个相邻的平方数，它们的差为 3 721 吗？请解释。

   (b) 存在两个相邻的三角数，它们的差为 3 721 吗？请解释。

7. (a) T_n 表示第 n 个三角数，证明

$$T_{n+m} = T_n + T_m + n \times m$$

(b) 这个结论可以从几何上解释吗？

(c) S_n 表示第 n 个平方数，证明

$$S_{n+m} = S_n + S_m + 2mn$$

这个结论可以从几何上解释吗？

8. T_n 表示第 n 个三角数，S_m 表示第 m 个平方数。比如 $T_8 = 36$，$S_6 = 36$。

证明：如果 $T_n = T_m$，那么 $T_{3n+4m+1} = S_{2n+3m+1}$ 也成立。

用这个结论找到 3 个数，它们都是平方数，也都是三角数。

9. (a) 在整数 1 到 1 000 之间，有多少个平方数？有多少个三角数？

(b) 在整数 1 到 1 000 000 之间，有多少个平方数？有多少个三角数？

(c) 有无证据显示三角数与平方数哪一个出现的更频繁？在数轴上会不会出现一个
类型的数比另一个类型的数分布更稠密？

10. 图 2.16a 中每增加一行就得到一个三角数：

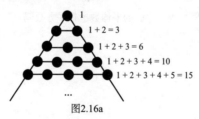

图2.16a

平方数可由图 2.16a 的两个三角数图拼接而成：

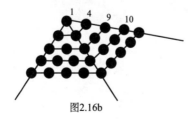

图2.16b

"五边形数" 可由 3 个三角数图拼接而成：

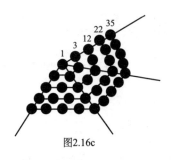

图2.16c

依次类推。

(a) 找到第 n 个"五边形数"的一个公式。

(b) 找到第 n 个"六边形数"的一个公式。

(c) 找到第 n 个"七边形数"的一个公式。

选做：令 P_n 表示第 n 个"五边形数"，H_n 表示第 n 个"六边形数"，G_n 表示第 n 个"七边形数"。证明：

$$P_{n+m} = P_n + P_m + 3nm$$
$$H_{n+m} = H_n + H_m + 4nm$$
$$G_{n+m} = G_n + G_m + 5nm$$

11. (a) 找到两个三角数，它们的平均数也是三角数。

    (b) 是否存在两个平方数，它们的平均数也是平方数吗？

素数

本章导读

素数也称为质数，是构成整数的"基本元素"。人们对于素数性质的研究有超过 2 000 年的历史。数学中几个历史悠久、悬而未决的大问题，比如孪生素数猜想、哥德巴赫猜想、黎曼假设都和素数有关。素数不仅仅在数学自身理论上很重要，在通信尤其是密码学领域更有不可替代的应用。本章讨论因数和倍数、素数的定义、素数的个数、素数之间的间隔等问题。

问题 3.1

(a) 什么是素数？什么是合数？

(b) 一个数的因子是什么？倍数是什么？

(c) 1 是不是素数？是不是合数？

(d) 怎么判别一个数是否是素数？

(e) 60 的因子个数是奇数还是偶数？为什么？　■

在空白处写下你的解答 ⟶

3.1 素数与合数

问题 3.2

　　用 12 个小圆点（或者 12 个相同的单位正方形）可以摆放成多少种不同的长方形？（每个长方形都包含 12 个小圆点，边长为 1 也算在内，同一个长方形旋转 90° 得到的长方形和原长方形算不同的长方形。）　　　　■

答： 共有 6 种不同的长方形！它们的一边长: $1, 2, 3, 4, 6$ 及 12 都是 12 的因子。一般地，我们有如下定义。

定义 3.1

(a) 对于正整数 a 及 N，如果存在一个整数 b 使得 $N = a \cdot b$，那么我们就称 a 为 N 的因子，N 为 a 倍数。

(b) 如果一个正整数 N 有不止两个因子，那么我们称之为合数；如果 N 有且只有两个因子，那么我们就称之为素数。

问题 3.3

(a) 根据以上定义，整数 1 是不是素数？是不是合数？

(b) 根据以上定义，"如果 N 是一个合数，那么一定有两个整数（可以是相同的）a, b，两个都大于 1，使得 $N = a \times b$"，这个结论对吗？

(c) 写下 36 的全部因子，共有多少个？有没有什么几何解释？

(d) 不用写出全部的因子，110 全部因子的个数是奇数还是偶数？225 的全部因子个数呢？　　　　■

在空白处写下你的解答 ⟶

活动：开锁问题

　　某学校有一个走廊，走廊的一边（单侧）有编号为 1～20 的 20 个门锁。最开始的时候，这 20 个锁都是关的状态。有 20 个学生想做下面的实验。

　　20 个学生也分别编号为 1 到 20，然后开始实验：

　　编号为 1 的学生，走过这条走廊，并且打开每一个门锁；

　　编号为 2 的学生，走过这条走廊，每间隔一个锁上门锁（也就是说这个学生锁上的门锁编号为 2，4，6，……）；

　　编号为 3 的学生，走过这条走廊，改变每间隔两个门锁的状态（也就是说，编号为 3 的学生，改变编号为 3，6，9，……的门锁状态：原来门锁为关的改为开，原来是开的改为锁上）；

　　编号为 4 的学生，走过这条走廊，改变编号为 4，8，12，……的门锁状态；

　　编号为 5 的学生，走过这条走廊，改变编号为 5，10，15，20，……的门锁状态；

　　……

　　编号为 20 的学生，走过这条走廊，改变编号为 20 的门锁状态。

　　实验结束后，哪些门锁是开着的？

(a) 可以用真实的锁，或者 20 张牌（通过面朝上及朝下表示两种状态），实际做一做这个实验。你发现了什么？

(b) 在这个实验中，哪些学生动过编号为 12 的门锁？

(c) 解释这个实验的结果。

研究：门锁问题及其变式值得好好研究，这儿有如下一些问题供思考。

(a) 学生们走过的顺序和学生的编号有关系吗？如果是一个随机的顺序，结果会是一样的么？

(b) 假设并不是每个学生都参加这个实验，只是编号为奇数的学生参加，那么结果会是什么（哪些门锁是开的）？

(c) 如果我们希望最后的结果是：只有编号为 1 的门锁是开着的，其他都是锁上的。请问应该让 20 个学生中哪些学生走过这条走廊就可以了？你得到的序列有没有什么规律？

在空白处写下你的解答 →

问题 3.4

列出小于等于 200 的所有素数。有没有一个系统的方法可以找到这些素数？
[上网查阅"埃氏筛法"（Sieve of Eratosthenes）] ∎

问题 3.5

莎莉（Sally）怀疑 10 051 是否是素数。她认为如果 10 051 有真因子，那么它必有一个真因子小于 100。她这个判断对吗？

莎莉于是决定只需检查 10 051 有没有大于等于 2，小于 100 的质数因子，从而判断 10 051 是否是质数。她的方法可行吗？10 051 是否是一个质数？ ∎

3.2 素数的个数

问题 3.6

一共有多少个素数呢？ ∎

公元前 300 多年，古希腊数学家欧几里得就已经证明了下面的定理。由此可以得到素数有无穷多个。

定理 3.1

任意给一个素数的序列 $p_1, p_2, \cdots, p_n$，总可以找到另外一个素数，它不在这个序列中。

证： 假设 $p_1, p_2, \cdots, p_n$ 为给定的一个素数序列，令

$$N = p_1 \times p_2 \times \cdots \times p_n + 1$$

显然 N 比这个素数序列中的任何一个素数都要大。如果 N 本身是一个素数，那么我们就已经找到素数 N，它不在给定的素数序列中。如果 N 不是素数，那么它的任何一个素因子 p 都不会出现在这个给定的素数序列中，否则就会出现 p 整除 1 的情况。因此我们就找到了素数 p，它是 N 的素因子，但它不在给定素数序列中。

问题 3.7

所有素数的序列为: $2, 3, 5, 7, 11, 13, 17, 19, 23, \cdots$

根据欧几里得的方法，我们可以得到：$N = p_1 p_2 \cdots p_n + 1$ 产生另一个素数：

$$2 + 1 = 3$$
$$2 \times 3 + 1 = 7$$
$$2 \times 3 \times 5 + 1 = 31$$
$$2 \times 3 \times 5 \times 7 + 1 = 211$$
$$2 \times 3 \times 5 \times 7 \times 11 + 1 = 2311$$
$$2 \times 3 \times 5 \times 7 \times 11 \times 13 + 1 = 30031$$

目前为止，得到的都是素数。

证明 $2 \times 3 \times 5 \times 7 \times 11 \times 13 \times 17 + 1$ 不是素数。

注：通过这种方法得到的素数，我们称为欧几里得素数，如：

$$3, 7, 31, 211, 2311, 30031, \cdots$$ ∎

问题 3.8

观察到

$$0 \times 1 + 41 = 41 \text{ 是一个素数；}$$
$$1 \times 2 + 41 = 43 \text{ 是一个素数；}$$
$$2 \times 3 + 41 = 47 \text{ 是一个素数；}$$
$$3 \times 4 + 41 = 53 \text{ 是一个素数；}$$
$$4 \times 5 + 41 = 61 \text{ 是一个素数。}$$

(a) 下面哪些数也是素数？

$$5 \times 6 + 41; 10 \times 11 + 41; 28 \times 28 + 41; 35 \times 36 + 41$$

(b) 观察下面这个公式

$$N(N + 1) + 41$$

(c)（互联网查阅）是否存在一个多项式 $P(n)$，对于每一个 n，$P(n)$ 总是一个素数？ ∎

3.3 素数之间的间隔

如果两个相邻的奇数都是素数，那么它们称为一对孪生素数。比如 3 和 5、5 和 7、11 和 13、17 和 19、29 和 31 、37 和 39、41 和 43 等都是孪生素数。

目前为止，没有人知道是否有无穷多对孪生素数。张益唐教授于 2013 年证明了：存在无穷多对素数，每对素数的差是一个小于 70 000 000 的常数。这个常数很快在 2014 年被缩小到了 246。

问题 3.9

(a) 找到 5 个连续的自然数，它们都不是素数；

(b) 找到 7 个连续的自然数，它们都不是素数；

(c) 说明如何找到 29 个连续的自然数，它们都不是素数；

(d) 证明：对任意的整数 N，都存在 N 个连续的自然数，它们都不是素数。

注：本问题的 (d) 说明了，两个素数之间的间隔可以任意的大。   ■

3.4 扩展练习

1. 列出 15, 25, 27, 60 及 100 的所有因子。最好成对列出（比如 15 的因子：1-15，3-5）。哪一个数有奇数个因子？

2. 73 是素数吗？91 呢？

3. （互联网查阅）目前所知的最大的素数是多少？最大的一对孪生素数是什么？

4. (a) 2 是唯一的一个"偶数同时也是素数"的吗？为什么？

   (b) 3 是唯一的一个"三角数同时也是素数"的吗？为什么？

5. (a) 证明 15 总是任意 15 个连续自然数的和的因子；

   (b) 证明 14 不可能是某 14 个连续自然数的和的因子。

6. (a) 将 11 加上 30 的一个倍数（$11+30N, N = 1, 2, \cdots$），我们得到一个序列：$11, 41, 71, 101, 13$ 前面几个数都是素数。证明：这个序列不可能都是素数。

   (b) 假设 p 是一个素数，k 是一个自然数。证明：序列 $p, p+k, p+2k, p+3k, p+4k, \cdots$ 中不可能都是素数。

7. 19 世纪中叶的一个叫波利尼亚克（A. de Polignac）的数学家曾猜想：每一个大于 1 的奇数都可以表示成一个素数和一个 2 的幂的和，比如：

$$3 = 2 + 1$$

$$5 = 3 + 2$$

$$7 = 3 + 4$$

$$9 = 5 + 4$$

$$11 = 3 + 8$$

$$13 = 5 + 8$$

$$15 = 7 + 8$$

$$17 = 13 + 4$$

$$19 = 17 + 2$$

$$51 = 47 + 4$$

$$93 = 89 + 4$$

$$111 = 107 + 4$$

$$3335 = 2311 + 1024$$

找到一个反例来证明这个数学家的猜想是错的。[提示: 这个反例就在 110 和 130 之间。]

注: 据说波利尼亚克花了很多年来验证他的猜想，并且验证到大约 300 万。很遗憾他在 100 多一点的时候就弄错了。

8. 自然数 3, 5, 7 是 3 个连续的奇数，它们都是素数。找到另外一个例子 "连续的三个奇数，并且都是素数"。

9. （互联网查阅）什么是哥德巴赫猜想（Goldbach Conjecture）? 记下关于这个猜想的起源和进展的一些笔记。

10. 一个数称为完全数（Perfect Number）是指这个数的所有因子（不包括它本身）加起来等于这个数本身。比如 6，有三个因子 1, 2, 3 并且

$$1 + 2 + 3 = 6$$

所以 6 是一个完全数。

下一个完全数是 28，因为:

$$1 + 2 + 4 + 7 + 14 = 28$$

(a) 证明 496 是个完全数；

(b) 496 之后，下一个完全数是多少?

注：

(1) 目前为止，人们不知道完全数是有限个，还是有无穷多个。目前知道的完全数大约有 40 个；

(2) 目前已知的完全数都是偶数。是否存在奇完全数也是一个未解的公开问题；

(3) 一个有趣的事实是：所有偶完全数都是一个三角数！比如，6 是第 3 个三角数，28 是第 7 个三角数，496 是第 31 个三角数。而且 3，7，31 都是素数而且比 2 的某个幂少 1（$3 = 2^2 - 1, 7 = 2^3 - 1, 31 = 2^5 - 1$）。数学家欧拉（1707—1783）证明了这个结论。即：

　　每个偶完全数都是一个三角数 $1 + 2 + 3 + \cdots + N$，其中 N 比 2 的某个幂少 1。

11. 从素数 41 开始，分别加上偶数 2, 4, 6, 8, 10, 12, ⋯ 我们得到序列

$$41, 43, 47, 53, 61, 71, 83, 97, 113, 131, 151, \cdots$$

目前为止，所得到的数都是素数。

　(a) 接着写下这个序列的后面 5 项。证明它们都是素数；

　(b) 对这个序列来讲，后面的每一项都是素数吗？

12. 有一些素数，比如 5, 13, 17 等，它们都比 4 的某个倍数多 1；其他的素数如 3, 7, 11, 19 等，它们都比 4 的某个倍数少 1。

现在我们来证明有无穷多个素数，它们都比 4 的某个倍数少 1。先看看下面的事实：

　(a) 证明如果有两个整数 a 和 b 都是比 4 的某个倍数多 1，那么它们的乘积也比 4 的某个倍数多 1。

　　[提示：将两数写成形如 $a = 4k + 1$ 及 $b = 4m + 1$，然后展开括号 $ab = (4k + 1)(4m + 1)$。]

　(b) 如果有 n 个数都是比 4 的某个倍数多 1，解释为什么这 n 个数的乘积也一定是比 4 的某个倍数多 1。

我们这里是要研究比 4 的某个倍数少 1 的那些素数如：

$$3, 7, 11, 19, 23, 31, \cdots$$

假设我们有一个序列，其中每个数都是比 4 的某个倍数少 1 的素数。且假设 p 是序列中最后的那个素数，当然 p 本身也是比 4 的某个倍数少 1。我们令

$$N = 4 \times (3 \times 7 \times 11 \times 19 \times \cdots \times p) - 1$$

　(c) 解释为什么 N 比 1 要大？

(d) 解释为什么 $3, 7, \cdots, p$ 中任何一个数都不可能是 N 的因子?

现在有两种可能:要么 N 本身是个素数(这意味着我们找到了一个新的比 4 的某个倍数少 1 的素数,或者 N 是某些素数的乘积 $N = q_1, q_2, \cdots, q_n$)。根据 (d),素数 $q_1, q_2, \cdots, q_n$ 都是不同于 $3, 7, \cdots, p$ 的素数。又因为 N 是奇数,那么每一个 q_i 都是一个奇素数。

(e) 解释在式子 $N = q_1, q_2, \cdots, q_n$ 中,为什么不可能所有的 $q_1, q_2, \cdots, q_n$ 都是比 4 的某个倍数多 1 的素数?

这就证明了,在 $q_1, q_2, \cdots, q_n$ 中至少有一个 q_i 是一个比 4 的某个倍数少 1 的素数。

因此不管是哪种情况,我们都证明了任何一个比 4 的某个倍数少 1 的素数序列都可以再加长。因此这种形式的素数一定是无穷多个。

13. 形如 $6k - 1$,k 为某个整数的素数是否也是无穷多个? 证明你的结论。

14. 考虑这个三角数的序列:$1, 3, 6, 10, 15, \cdots$。从第三个三角数开始,如果它是偶数,就加 1;如果它是奇数就减 2。比如:

$$6 + 1 = 7$$
$$10 + 1 = 11$$
$$15 - 2 = 13$$
$$21 - 2 = 19$$
$$28 + 1 = 29$$
$$36 + 1 = 37$$
$$45 - 2 = 43$$
$$55 - 2 = 53$$

所得的结果总是一个素数吗?

负数与减法

4

本章导读

   负数的概念引入以后，一些新问题出现了。比如括号前面有负号，怎么打开括号。又比如负数乘以负数为什么等于正数。在本章中，作者提出了一个引入负数及其运算的沙堆沙坑模型，能够较好地解释这些知识点。

问题 4.1

(a) $-(-2)$ 等于多少？为什么？

(b) $-(a - b + 3)$ 等于多少？为什么？

(c) $(-2) \times (-3)$ 等于多少？为什么？ ■

在空白处写下你的解答 $\longrightarrow$

4.1 负数

　　假设有一片沙滩，或者一个装有沙的盒子，你是一个很爱整洁的孩子，平时也喜欢把这些沙子弄得平平整整。现在我们把平平整整的沙子的状态称为"0"。

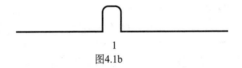

0

图4.1a

　　假如你从身后又拿了一把沙子，然后我们把下图沙堆的状态称为"1"。

1

图4.1b

　　两个沙堆就对应"2"，依次类推。

2　　　　　　　3　　　　　　　4

图4.1c　　　　图4.1d　　　　图4.1e

等等。

　　忽然有一天，你灵光一闪，意识到可以有一个和沙堆"相反"的状态：沙坑。

图4.1f

　　我们把这个沙坑记为"-1"。两个沙坑呢，就记为"-2"，依次类推。请注意，一个沙堆和一个沙坑可以相互抵消掉，变成"0"的状态，也就是平整的状态。

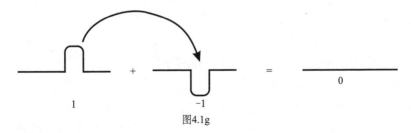

1　　　　　　　+　　　　　　　-1　　　　　　　=　　　　　　　0

图4.1g

例 4.1

式子 2 + (–2) 等于多少？ ∎

解： 2 个沙堆再加上 2 个沙坑，可以得到一个平整的状态。

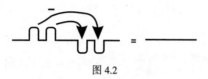

图 4.2

从而我们有 2 + (–2) = 0。

例 4.2

式子 3 + (–2) 等于多少？ ∎

解： 3 个沙堆和 2 个沙坑，抵消掉后，还剩 1 个沙堆。

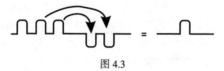

图 4.3

所以 3 + (–2) = 1。

例 4.3

式子 5 + (–7) 等于多少？ ∎

解： 5 个沙堆，7 个沙坑，抵消掉后还剩 2 个沙坑。

图 4.4

所以 5 + (–7) = –2。

注： 减法实际上就是加上一个数的"相反数"，如 7 – 5 = 7 + (–5)。全体自然数，以及负整数，我们统称为整数，记为 $\mathbb{Z}$ [来自德语 Zahlen（数字）的首字母]。

$$\mathbb{Z} = \{\cdots, -3, -2, -1, 0, 1, 2, 3, \cdots\}$$

4.2 带负号的一些运算

注意"5"表示 5 个沙堆,"–5"表示 5 个沙坑。

我们用负号"–"来表示"反面"。[从数学上来说,一个数 a 的反面就是 $-a$,称为其相反数。从而我们有"$a + (-a) = 0$"。]

进一步……

例 4.4

　　5 个沙坑的反面是什么？ ∎

解：显然是 5 个沙堆,所以我们有 $-(-5) = 5$ 个沙堆 $= 5$。

问题 4.2

　　3 个沙堆和 2 个沙堆的反面是什么？

　　$-(3 + 2) = ?$ ∎

问题 4.3

　　3 个沙堆和 2 个沙坑的反面是什么？

　　$-[3 + (-2)] = ?$ ∎

注：用减法的语言来说这表明：$-(3 - 2) = -3 + 2$。

问题 4.4

　　x 个沙堆和 y 个沙坑的反面是什么？ ∎

问题 4.5

　　式子 $(10 - T + 7 - 3 + a)$ 的反面是什么？ ∎

4.3 负数乘以负数为什么等于正数

这个问题很多学生都曾困惑过,也没有得到满意的解答。这儿确实有一个原因使得数学家决定负数乘以负数必须是正数。这是基于已有的算术运算规则

规则 1: $a + b = b + a$　加法交换律

规则 2: $a \times b = b \times a$　乘法交换律

规则 3: $a \times 1 = a; 1 \times a = a$　乘法单位元

规则 4: $a \times 0 = 0; 0 \times a = 0$　乘法 0 元

规则 5: $a + 0 = a; 0 + a = a$　加法 0 元

规则 6: 打开括号（分配律）

规则 7: $(a + b) + c = a + (b + c)$，以及 $(ab)c = a(bc)$　加法结合律，乘法结合律

首先我们得承认和接受以上规则对所有的数 a、b 及 c，不管是正的还是负的都是成立的。

乘法就是多次重复的加法。比如 5×4 就是 4 个 5 相加：$5 + 5 + 5 + 5 = 20$。

例 4.5

用沙堆沙坑的语言，$(-3) \times 2$ 表示什么？等于什么？　∎

解：表示有两组，每组都是 3 个沙坑！所以 $(-3) \times 2 = (-3) + (-3) = -6$。

问题 4.6 大问题！

那么，$(-3) \times (-2)$ 又应该等于多少？　∎

我们利用上面的规则来解释，特别地我们用到

• 任何数 $\times 0 = 0$

• 分配律

现在我们来推理

$$(-3) \times 0 = 0 \text{ 肯定是成立的;}$$

$$(-3) \times [(-2) + 2] = 0 \text{ 肯定是成立的;}$$

$$(-3) \times (-2) + (-3) \times 2 = 0 \text{ 仍然成立;}$$

$$(-3) \times (-2) + (-6) = 0 \text{ 仍然成立。}$$

于是我们一定有

$$(-2) \times (-3) = 6$$

问题 4.7

参照上面的推理来验证 $(-5) \times (-4)$ 必须等于 20。　　　　　　　　　　■

上面的推理也许对某些读者来讲抽象了一点。我们还可以用乘法的面积模型来解释。假设有一个 5×9 的长方形，如下图所示，分成了几个部分。

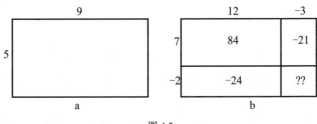

图 4.5

因为面积为 45，所以

$$
\begin{aligned}
45 &= (12 - 3)(7 - 2) \\
&= [12 + (-3)][(7 + (-2)] \\
&= 12 \times 7 + (-3) \times 7 + 12 \times (-2) + (-3) \times (-2) \\
&= 84 + (-21) + (-24) + (-3) \times (-2) \\
&= 84 + (-45) + (-3) \times (-2) \\
&= 39 + (-3) \times (-2).
\end{aligned}
$$

于是 $(-3) \times (-2)$ 没有其他选择，只能等于 6。

所以我们接受如下这个算术规则：

一个负数乘以另一个负数等于一个正数：$(-a) \times (-b) = a \times b$。

问题 4.8　一个乘法技巧

一般来说，两个两位数相乘，如果其中一个是 10 的倍数，这个乘积就比较容易计算。比如：

$$
\begin{aligned}
20 \times 13 &= (2 \times 13) \times 10 = 260 \\
50 \times 23 &= (5 \times 23) \times 10 = 1150 \\
80 \times 12 &= (8 \times 12) \times 10 = 960
\end{aligned}
$$

这儿有一个计算两位数的乘法的技巧。

比如要计算 $23^2 = 23 \times 23$，我们把第一个 23 减少 3 得到 20，第二个 23 增加同样的量（这里是 3）得到 26。注意到 $3^2 = 9$，于是我们有

$$23 \times 23 = 20 \times 26 + 9 = 520 + 9 = 529$$

如果要计算 18^2，我们就把 18 减少和增加 2 分别得到 20 和 16，然后加上 $2^2 = 4$。

$$18^2 = 20 \times 16 + 4 = 320 + 4 = 324$$

要计算 48^2，我们调整 48，加 2 减 2，得到 50 和 46，于是

$$48^2 = 50 \times 46 + 4 = 2300 + 4 = 2304$$

要计算 36^2，我们调整 36，加减 4，得到 40 和 32，于是

$$36^2 = 40 \times 32 + 16 = 1280 + 16 = 1296$$

(a) 心算一下，$19^2, 31^2$ 以及 52^2。

(b) 解释为什么这个技巧可行。 ∎

问题 4.9

证明：

$$T_1 - T_2 + T_3 - \cdots - T_{2n-2} + T_{2n-1} = S_n$$

这里 T_n 是第 n 个三角数，S_n 是第 n 个平方数。 ∎

问题 4.10 牛奶与苏打

莎莉有两个一样的杯子，里面各装有等体积的苏打水和牛奶（假设两者密度相同）。她从装有苏打水的杯子中取出一勺苏打水，然后倒入装有牛奶的杯子中，摇匀。接着她又从装有牛奶的杯子中取出同样一勺倒入装有苏打水的杯子中。现在两种饮料都被"污染"了。问：

(a) 哪个杯子的"外来物质"更多一些？

(b) 苏打水的杯子中的牛奶比牛奶的杯子中的苏打要多一些吗？

(c) 或者正好反过来，牛奶杯中的苏打要比苏打杯中的牛奶多一些？或者根据现

有已知的条件,无法判断? ■

活动:纸牌分堆

这儿有个谜题,要解释它需要用到负数(减法)及其运算。

(a) 取 10 张红色的纸牌,10 张黑色的纸牌。洗牌后,分成两堆,左边一堆,右边一堆,每堆有 10 张。然后数一数左堆中红牌的个数,再数一数右堆中黑牌的个数。你发现了什么?重复玩 2 次这个游戏。

(b) 重新洗牌后,将这 20 张牌分成一大一小 2 堆,小堆有 6 张牌,大堆有 14 张。然后数一数小堆中红牌的个数,再数一数大堆中黑牌的个数。取两者的差(大的减小的)。你得到的数字是 4 么?重复几次这个游戏。

(c) 将这 20 张牌重新再洗一下。然后将这 20 张牌分成大小 2 堆,这次小堆有 9 张牌,大堆有 11 张牌。接下来,数一数小堆中红牌的个数,再数一数大堆中黑牌的个数。取两者的差(大的减小的)。你得到的数字是 4 么?这次你得到什么数?

(d) 完成下面的表格:

表 4.1 纸牌分堆结果记录表

小堆	大堆	大堆中红牌的差额
10	10	0
9	11	
8	12	
7	13	
6	14	4
5	15	
4	16	
3	17	
2	18	
1	19	
0	20	

有什么规律吗?

(e) 再假设一种情况,小堆有 5 张牌,大堆有 15 张牌。如果小堆里有 3 张红牌,那么根据这个信息完成下表:

	小堆:5	大堆:15
红牌	3	
黑牌		

小堆中红牌的数量和大堆中黑牌的数量之间差多少？

(f) 假设小堆中有 P_1 张牌，大堆中有 P_2 张牌（ $P_1 + P_2 = 20$ ）。如果小堆中有 R 张红牌，那么根据这个信息完成下表：

	小堆P_1	大堆P_2
红	R	
黑		

关于小堆中红牌的数量与大堆中红牌的数量之差，你能得到什么结论？

注： 这个活动和之前"牛奶与苏打"的练习之间有关系吗？假设每种液体的每个分子都是一张纸牌！

分数及其运算

5

本章导读

  分数是一个基本而重要的数学概念，蕴含有极为丰富的数学思想。深刻理解分数对学好数学非常有帮助。本章利用了一个分饼的除法模型，提炼了分数运算的各项规则，较好地解释了分数学习中的一些难点。本章也讨论了分数的一些应用。

问题 5.1

(a) 如果把一个饼平分成 5 份，其中的两份表示为 $\frac{2}{5}$。

$$\frac{2}{5} \;=\; \text{}$$

那么一个饼分成 7 份就会有：

$+$ $=$

但是

$\times$ $=$ **??**

(b) 分数 $\dfrac{1}{\frac{1}{2}}$ 等于多少？为什么？

(c) 两个分数相乘 $\dfrac{a}{b} \times \dfrac{c}{d} = \dfrac{a \times c}{b \times d}$，为什么？

(d) 两个分数相除 $\dfrac{a}{b} \div \dfrac{c}{d} = \dfrac{a}{b} \times \dfrac{d}{c}$，为什么？ ∎

在空白处写下你的解答 →

5.1 分数是一个除法问题

分数是一个除法问题。例如，6 个饼要平分给 3 个学生，这就意味着每个学生可以分到 2 个饼。我们记作

$$\frac{6}{3} = 2$$

这里分数 $\frac{6}{3}$，就是我们的除法问题 $6 \div 3$，等于 2。它表示一个学生分到的饼的个数。

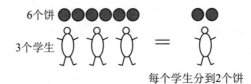

图 5.1

同样：

把 10 个饼平分给 2 个学生，每个学生获得 $\frac{10}{2} = 5$ 个饼；

把 6 个饼平分给 6 个学生，每个学生获得 $\frac{6}{6} = 1$ 个饼；

把 5 个饼平分给 5 个学生，每个学生获得 $\frac{5}{5} = 1$ 个饼；

那么同样的记号，把 1 个饼平分给 2 个学生，每个学生获得 $\frac{1}{2}$ 个饼，我们称之为"一半"或者"二分之一"。

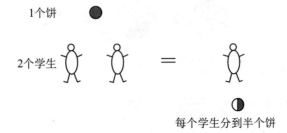

图 5.2

如果把 1 个饼平分给 3 个学生，那么每个学生获得一部分饼：$\frac{1}{3}$，我们称之为"三分之一"。

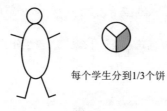

每个学生分到1/3个饼

图 5.3

而 $\frac{1}{5}$ 是把一个饼平分给 5 个学生的结果，我们称之为"五分之一"。

1/5

图 5.4

问题 5.2

图 5.5 是一个把饼平分给学生的问题，每个学生获得的饼如图 5.5 所示。

图 5.5

有多少个饼? _____

有多少个学生? _____   ∎

问题 5.3

莉莉认为 $\frac{3}{5}$ 是 $\frac{1}{5}$ 的 3 倍，就是说 $\frac{3}{5} = 3 \times \frac{1}{5}$。她这个说法成立吗? 是否"3
个饼平分给 5 个学生，每个学生获得的饼"3 倍于"1 个饼平分给 5 个学生，每
个学生获的饼"? 你觉得呢?   ∎

问题 5.4

用分饼的模型，除法问题 $\frac{1}{1}$ 表示什么? 每个学生分了多少饼?   ∎

问题 5.5

用分饼的模型，除法问题 $\dfrac{5}{1}$ 表示什么？每个学生分了多少饼？ ∎

问题 5.6

用分饼的模型，除法问题 $\dfrac{5}{5}$ 表示什么？每个学生分了多少饼？ ∎

问题 5.7

还是分饼的模型，每个学生获得的饼如图 5.6 所示。我们可以知道有多少个饼，多少个学生吗？

图 5.6

饼的数量：＿＿＿＿＿＿＿＿
学生的数量：＿＿＿＿＿＿＿＿ ∎

问题 5.8

通常学习分数时，我们会将不同形状的饼分成几块来表示分数。比如，一个正六边形的饼就能形象地解释分数 $\dfrac{1}{6}$, $\dfrac{2}{6}$, $\dfrac{3}{6}$, $\dfrac{4}{6}$, $\dfrac{5}{6}$ 及 $\dfrac{6}{6}$。

图 5.7

(a) 为什么用这个形状呢？ $\dfrac{1}{6}$ 个饼是什么样的图形？

(b) $\dfrac{6}{6}$ 个饼是什么样的图形？

(c) 什么样形状的饼可以很好地演示分数 $\dfrac{1}{8}$ 直到 $\dfrac{8}{8}$？ ∎

问题 5.9

　　如果不是圆形的饼,而是要把一种长方形的饼平分给一定数量的学生。每个学生获得的饼如图 5.8 所示:

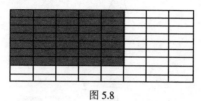

图 5.8

　　有多少个饼? _____.

　　有多少个学生? _____.　　　　　　　　　　　　　　　　　　　■

在我们的模型中:

　　一个分数 $\dfrac{a}{b}$ 表示把 a 个饼平分给 b 个学生,每个学生获得的饼的数量(这里 b 是一个不为 0 的数)。

问题 5.10

　　在分数 $\dfrac{a}{b}$(其中 $b \neq 0$)中,a 可以等于 0 么?如果可以的话,这个分数应该等于多少?　　　　　　　　　　　　　　　　　　　　　　　　　　　　■

我们分饼的模型可以很快得到分数的一些简单规则。

分数的规则 1 和 2:

$$\frac{a}{a} = 1 \qquad\qquad \frac{a}{1} = a$$

a 为一个不为 0 的数。

我们可以根据以上的分饼模型得到一些有趣的结果。

例 5.1

　　分数 $\dfrac{1}{\left(\dfrac{1}{2}\right)}$ 表示把一个饼分给"半个学生",那么一个学生获得多少饼?　　■

解: 一个学生获得 2 个饼!

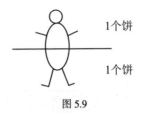

图 5.9

所以我们有

$$\frac{1}{\left(\frac{1}{2}\right)} = 2$$

例 5.2

用分饼的模型，分数 $\dfrac{1}{\left(\frac{1}{3}\right)}$ 表示什么？等于多少？　　■

解：这个分数表示把 1 个饼平分给"三分之一"个学生，每个学生获得的饼数。不难知道一个学生获得 3 个饼。所以 $\dfrac{1}{\left(\frac{1}{3}\right)} = 3$。

依次类推。

一般地，我们有

$$\frac{1}{\left(\frac{1}{N}\right)} = N$$

问题 5.11

用图 5.10 这个分饼的图形解释分数 $\dfrac{1}{\left(\frac{2}{3}\right)}$ 的意义。

图 5.10

　　　　　　　　　　　　　　　　　　　　　　　　　■

如果你很感兴趣，再来一个！如图 5.11："2 个半饼"平分给"4 个半学生"

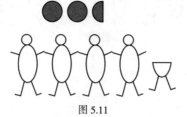

图 5.11

每个学生获得多少饼？

在一个分饼的模型中，如果我们把饼的数量和学生的数量都翻倍，每个学生获得的饼数会改变吗？不会！每个学生获得的饼数不变！即

$$\frac{2a}{2b} = \frac{a}{b}$$

如图 5.12 所示，分数 $\frac{6}{3}$ 及 $\frac{12}{6}$ 都对应每个学生获得 2 块饼。

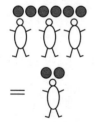 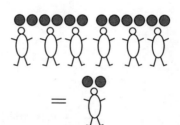

图 5.12

如果把饼的数量和学生的数量都变成 3 倍，会改变每个学生获得的饼数吗？不会！只要饼的数量和学生的数量同时增加相同的倍数，都不会改变！

$$\frac{6}{3} = \frac{12}{6} = \frac{18}{9} = \cdots = 2 \text{ 个饼/学生}$$

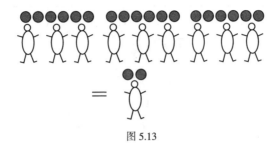

图 5.13

这使得我们认同分数的一个关键规则（至少对正整数成立）。

分数的规则 3：

$$\frac{xa}{xb} = \frac{a}{b}$$

例如：

$$\frac{3}{5}$$（3 个饼平分给 5 个学生）

与

$$\frac{3 \times 2}{5 \times 2}$$（6 个饼平分给 10 个学生）

及

$$\frac{3 \times 100}{5 \times 100}$$（300 个饼平分给 500 个学生）

每个学生获得的饼数都是相同的。

现在我们往回看：

$$\frac{20}{32}$$（20 个饼平分给 32 个学生）

和

$$\frac{5 \times 4}{8 \times 4} = \frac{5}{8}$$（5 个饼平分给 8 个学生）

两种情况，每个学生获得的饼数是一样的。

注：这就是我们通常所说的分子分母都消掉一个公因子。数学家把这个过程称为"约分"（分数的分子分母都变小了！），也有人称"化简分数"（的确从某种意义上，分数 $\frac{5}{8}$ 确实比分数 $\frac{20}{32}$ 看起来简单！）。

问题 5.12

珍妮说分数 $\frac{4}{5}$ 还可以再"约",如果你愿不局限于整数的话,比如:

$$\frac{4}{5} = \frac{2 \times 2}{2\frac{1}{2} \times 2} = \frac{2}{2\frac{1}{2}}$$

她对吗?"把 个饼平分给 个学生"与"把两个饼平分给两个半学生",每个学生获得饼数是一样的吗?你觉得呢? ∎

5.2 分数的加减法

问题 5.13

这儿有两个"比较像"的分数 $\frac{2}{7}$ 和 $\frac{3}{7}$。

把它们相加,$\frac{2}{7} + \frac{3}{7}$ 是什么意思?用分饼的模型怎么解释? ∎

可能有人会想,也许:

$\frac{2}{7}$ 表示把 2 个饼平分给 7 个学生;

$\frac{3}{7}$ 表示把 3 个饼平分给 7 个学生;

所以 $\frac{2}{7} + \frac{3}{7}$ 可能表示 5 个饼,平分给 14 个学生,从而得到分数 $\frac{5}{14}$。

这是不对的!在分饼的模型里,分数不是饼,也不是学生,所以饼的数量相加及学生的数量相加,并不等于分数相加。在模型中,分数和饼的数量有关系,和学生数量也有关系。这个关系就是:分数是每个学生获得的饼的数量。

加法是"求和",是两次分饼后,一个学生共得到的饼的数量。也可这么理解:上午把 2 个饼分给 7 个学生,每个学生获得 $\frac{2}{7}$ 个饼:

图 5.14

下午又把另外 3 块同样的饼平分给这 7 个学生,这次每个学生获得 $\frac{3}{7}$ 个饼:

图 5.15

那么两次下来，每个学生总共获得的饼数是 $\frac{2}{7}+\frac{3}{7}$：

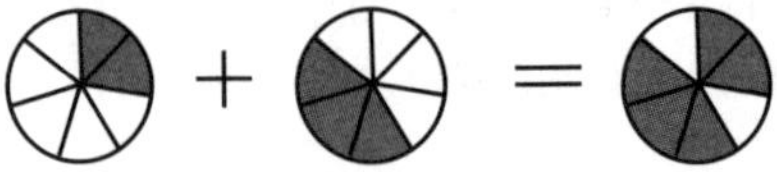

$$\bigotimes \quad + \quad \bigotimes \quad = \quad \bigotimes$$

图 5.16

所以答案就是 $\frac{5}{7}$。

这通常是我们开始学习分数的加法时遇到的情况：同分母的分数相加，分母不变，分子相加。例如："十分之四"加上"十分之三"再加上"十分之八"等于"十分之十五"，即

$$\frac{4}{10}+\frac{3}{10}+\frac{8}{10}=\frac{15}{10}$$

（当然 $\frac{15}{10}=\frac{5\times 3}{5\times 2}$ 可以化成 $\frac{3}{2}$。）又比如：

$$\frac{82}{65}+\frac{91}{65}=\frac{173}{65}$$

问题 5.14

　　现在可以解决分数的减法了吗？至少我们可解决分母相同的情况，比如 $\frac{400}{903}-\frac{170}{903}$ 等于多少？　　　　　■

这种理解分数加法的方式，遇到分母不同的情况，一下就变得比较难以对付了，比如 $\frac{2}{5}+\frac{1}{3}$ 等于多少？

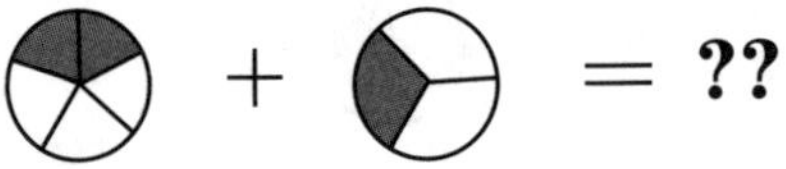

$$\bigotimes \quad + \quad \bigoplus \quad = \quad ??$$

图 5.17

我们还是从分饼的模型来阐述这个问题。

问题 5.15

假设我们先将 2 个饼平分给包括波尔在内的 5 个学生，然后将另一个饼平分给包括波尔在内的 3 个学生。那么波尔共获得了多少饼？

(a) 这个问题和这个分数加法 $\frac{2}{5}+\frac{1}{3}$ 是一致的吗？

(b) 怎么回答这个问题最好？ ■

可以先想想这个问题，它是个很难的问题！

解决这个问题的一个技巧，就是把 $\frac{2}{5}$ 和 $\frac{1}{3}$ 都写成一系列等价的形式，然后看看分母相等的那两个分数：

$$\frac{2}{5}, \frac{4}{10}, \boxed{\frac{6}{15}}, \frac{8}{20}, \frac{10}{25}, \cdots$$

$$\frac{1}{3}, \frac{2}{6}, \frac{3}{9}, \frac{4}{12}, \boxed{\frac{5}{15}}, \cdots$$

现在我们可以看出

$$\frac{2}{5}+\frac{1}{3}=\frac{6}{15}+\frac{5}{15}=\frac{11}{15}$$

所以我们可以把这个学生看成是 15 个学生中的一员，然后先后去平分了 6 个及 5 个饼。

注： 当然我们可以倾向于去寻找一个公分母，从而避免上述烦琐的列表。但是重复几次这个过程可以帮助学习者自己去发现一些简便的方法。

这个过程我们可以得到分数加法的规则（理解它而不是记住它！）。

分数的规则 4：

$$\frac{a}{b}+\frac{c}{d}=\frac{ad+bc}{bd}$$

减法的法则也是类似，加号变减号即可。

这儿有一个问题！

问题 5.16

$\frac{5}{9}$ 和 $\frac{6}{11}$ 哪个大？ ■

5.3 分数的乘法

考虑这个分饼的除法问题：$\frac{a}{b}$，a 个饼平分给 b 个学生。

要使得每个学生获得饼的数量翻倍，我们只需把饼的数量翻倍就可以了。

$$2 \times \frac{a}{b} = \frac{2a}{b}$$

（确定你理解上面式子的意义！）

现在我们把它提炼成如下一个一般规则。

> 分数的规则 5：
>
> $$x \times \frac{a}{b} = \frac{xa}{b}$$

这儿还有个规则，我们将给出推导的细节。

> 分数的规则 6：
>
> $$b \times \frac{a}{b} = a$$

我们推导如下：

$$
\begin{aligned}
b \times \frac{a}{b} &= \frac{b \times a}{b} && （规则 4）\\
&= \frac{b \times a}{b \times 1} && \\
&= \frac{a}{1} && （规则 3）\\
&= a && （规则 2）
\end{aligned}
$$

现在我们可以讨论分数的乘法了，我们利用之前讨论的分数几个规则，来看如何逻辑化地严格推导两个分数的乘法。我们也利用乘法的面积模型，不那么严格，但能比较形象地验证我们的推导。

例 5.3

计算 $\frac{2}{3} \times \frac{4}{7}$。　　　　　　　　　　■

解 1:（逻辑推导）由规则 4，这个式子等于 $\dfrac{\frac{2}{3}\cdot 4}{7}$。再由规则 3，我们可以分子分母都乘以 3 而不改变分数的值。所以

$$\frac{\frac{2}{3}\cdot 4}{7} = \frac{\frac{2}{3}\cdot 4 \cdot 3}{7\cdot 3} = \frac{2\cdot 4}{7\cdot 3}$$

注意，上面我们用到了规则 6 及乘法的交换律。因此我们得到两个分数的乘积，分子等于原来两个分数的分子的乘积，分母是原来两个分数的分母的乘积：

$$\frac{2}{3}\times\frac{4}{7}=\frac{2\cdot 4}{3\cdot 7}$$

我们由此可以提炼出关于分数乘法的如下规则。

分数的规则 7：

$$\frac{a}{b}\times\frac{c}{d}=\frac{ac}{bd}$$

这就是分数的乘法。

解 2:（不严谨的几何推导）现在我们用乘法的面积模型来计算分数的乘积。要计算 $\dfrac{2}{3}\times\dfrac{4}{7}$，我们从一个 "$1\times 1$" 单位正方形开始。要表示分数 $\dfrac{2}{3}$，我们把一边分成 3 个部分，取其中 3 个部分。要表示分数 $\dfrac{4}{7}$，我们把另一边分成 7 个部分，取其中 4 个部分。

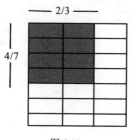

图 5.18

这就将这个正方形分成了 21 个小块（两个分母的乘积）。我们感兴趣的阴影部分共有 $4\times 2=8$ 块（两个分子的乘积）。阴影部分的面积是 $\dfrac{8}{21}$。

以上我们通过分饼的模型理解了分数，比如分数 $\dfrac{2}{3}$ 就是把 2 个饼平分给 3 个学生。

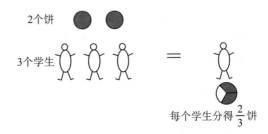

2个饼

3个学生

每个学生分得 $\frac{2}{3}$ 饼

图 5.19

但是，饼可以不是圆的，我们也可以用方形的饼，比如：

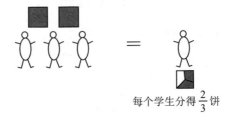

每个学生分得 $\frac{2}{3}$ 饼

图 5.20

或者三角形，或者六边形或者其他形状的饼。

上面例子中的面积模型，我们用到了一个线段形状的饼。

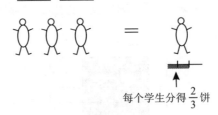

每个学生分得 $\frac{2}{3}$ 饼

图 5.21

从几何上看，两个数的乘法就对应了一个面积问题。比如 23×37 就是一个边长为 23 和 37 的长方形面积：

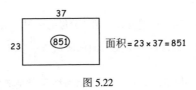

37

851

23

面积 = $23 \times 37 = 851$

图 5.22

我们在上面的例子中也假定了，面积模型也适用于两个分数的乘法。所以我们有：

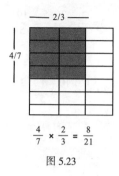

$$\frac{4}{7} \times \frac{2}{3} = \frac{8}{21}$$

图 5.23

这个模型确实形象地说明了为什么 7×3 会出现在分母上，因为共有 21 个小方块！也说明了为什么 4×2 出现在分子上，因为阴影部分有 8 个小方块！

问题 5.17

西姆在计算

$$\frac{18}{7} \times \frac{70}{36}$$

时，只用 3 秒钟，他得出答案 5。他的答案是对的！他怎么算得这么快呢？■

问题 5.18

$\dfrac{39}{35} \times \dfrac{14}{13}$ 等于多少？ ■

关于分数的一些术语。有些教科书把分子小于分母的分数称为**真分数**，比如 $\dfrac{45}{58}$ 是一个真分数。分子大于分母的分数称为**假分数**，比如 $\dfrac{7}{3}$ 是一个假分数。为什么这个分数称为 "假" 的呢，也许有一些原因。比如 $\dfrac{7}{3}$，7 个饼平分给 3 个学生，每个学生当然可以分得 2 个完整的饼，还剩 1 个大家再来平分。所以 $\dfrac{7}{3}$ 等于 2 加上 $\dfrac{1}{3}$。可以这样写：

$$\frac{7}{3} = 2\frac{1}{3}$$

$2\dfrac{1}{3}$ 这类分数称为**带分数/混合分数**。（我们也可写成 $2 + \dfrac{1}{3}$，这才是 $2\dfrac{1}{3}$ 真正的含义，但是大部分人会选择略去中间的加号。）

带分数和假分数之间可以转换，比如 $2\frac{1}{5}$，实际上是 $2+\frac{1}{5}$，我们有

$$2 = \frac{2}{1} = \frac{2 \times 5}{1 \times 5} = \frac{10}{5}$$

所以，带分数 $2\frac{1}{5}$ 就是

$$2 + \frac{1}{5} = \frac{10}{5} + \frac{1}{5} = \frac{11}{5}$$

这样我们就把一个带分数 $2\frac{1}{5}$ 写成了一个假分数 $\frac{11}{5}$。

问题 5.19

将下面的带分数转换成假分数：

(a) $3\frac{1}{4}$;　(b) $5\frac{1}{6}$;　(c) $1\frac{3}{11}$;　(d) $200\frac{1}{200}$　■

问题 5.20

假设 a, b, c 及 d 均为正数，那么两个分数 $\frac{a}{b}$ 及 $\frac{c}{d}$ 之间的**中间数**是它们的分子、分母分别相加得到的分数：$\frac{a+c}{b+d}$。比如说，$\frac{2}{5}$ 和 $\frac{1}{3}$ 的中间数为 $\frac{3}{8}$。

(a) 求 $\frac{4}{15}$ 和 $\frac{16}{35}$ 的中间数。

(b) 证明两个分数之间的中间数是介于它们之间的，即，如果 $\frac{a}{b} < \frac{c}{d}$，那么

$$\frac{a}{b} < \frac{a+c}{b+d} < \frac{c}{d}$$

(c) 两个分数 $\frac{xa}{xb}$ 和 $\frac{yc}{yd}$ 的中间数一定也是分数 $\frac{a}{b}$ 和分数 $\frac{c}{d}$ 的中间数吗？　■

问题 5.21

在做分数的加法时，我们通常要找到一个公分母。下面的问题涉及找公分子！

(a) 在一个封闭的城市里，$\frac{2}{3}$ 的成年男性娶了 $\frac{7}{9}$ 的成年女性。这个城市里几分之几的成年人已经结婚？（结婚的比例用分数表示。）

(b) 更一般地，假设 $\frac{a}{b}$ 的成年男性娶了 $\frac{c}{d}$ 的成年女性。证明这个城市里有 $\frac{2ac}{cb+ad}$ 的成年人已经结婚。（这正是写成公分子的两个分数 $\frac{ca}{cb}$ 及 $\frac{ac}{ad}$ 的中间数。）　■

5.4 分数的除法

这里有一个"烧脑"的问题：

$7\frac{2}{3}$ 个饼平分给 $5\frac{3}{4}$ 个学生，每个学生获得多少饼？ ∎

作为一个除法问题，我们知道答案可以写成以下形式：

$$\frac{7\frac{2}{3}}{5\frac{3}{4}}$$

这是正确答案！但是有没有办法把这个答案化简，使得看起来更友好些呢？

我们来看看分数的重要规则：

$$\frac{xa}{xb} = \frac{a}{b} \text{ 以及 } \frac{a}{b} \times b = a$$

我们把上述答案的分数

$$\frac{7\frac{2}{3}}{5\frac{3}{4}} = \frac{7 + \frac{2}{3}}{5 + \frac{3}{4}}$$

的分子和分母都乘以一个合适的数。我们先乘以 3（为什么是 3？）：

$$\frac{\left(7 + \frac{2}{3}\right) \times 3}{\left(5 + \frac{3}{4}\right) \times 3} = \frac{21 + 2}{15 + \frac{9}{4}}$$

然后再把分子和分母都乘以 4（为什么是 4？）：

$$\frac{(21 + 2) \times 4}{\left(15 + \frac{9}{4}\right) \times 4} = \frac{84 + 8}{60 + 9} = \frac{92}{69}$$

现在我们的答案就变成了 $\frac{92}{69}$。所以把 $7\frac{2}{3}$ 个饼平分给 $5\frac{3}{4}$ 个学生，每个学生获得的饼数和把 92 个饼平分给 69 个学生，每个学生获得的饼数是一样的！

另外一个例子：

例 5.4

计算 $\dfrac{3\frac{1}{2}}{1\frac{1}{2}}$。　■

解： 分子分母同时乘以 2，可以化简原分数：

$$\frac{3\frac{1}{2}}{1\frac{1}{2}} = \frac{3+\frac{1}{2}}{1+\frac{1}{2}} = \frac{\left(3+\frac{1}{2}\right)\times 2}{\left(1+\frac{1}{2}\right)\times 2} = \frac{6+1}{2+1} = \frac{7}{3}$$

也许我们还没有意识到，我们已经学习到如何做分数的除法了！

比如，我们要计算 $\dfrac{3}{5} \div \dfrac{4}{7}$，就是要计算这个分数：

$$\frac{\frac{3}{5}}{\frac{4}{7}}$$

我们将分子分母同时乘以 5：

$$\frac{\frac{3}{5}\times 5}{\frac{4}{7}\times 5} = \frac{3}{\frac{20}{7}}$$

再将分子分母同时乘以 7：

$$\frac{3\times 7}{\frac{20}{7}\times 7} = \frac{21}{20}$$

问题解决了！

$$\frac{3}{5} \div \frac{4}{7} = \frac{21}{20}$$

我们再做另外一个例子。

例 5.5

计算 $\dfrac{\frac{2}{5}}{\frac{3}{7}}$。　■

解：将分子分母都先乘以 5，然后再都乘以 7：

$$\frac{\frac{2}{5}}{\frac{3}{7}} = \frac{\frac{2}{5} \times 5 \times 7}{\frac{3}{7} \times 5 \times 7} = \frac{2 \times 7}{3 \times 5} = \frac{2}{5} \times \frac{7}{3}$$

（或者我们将分子分母都乘以 $\frac{7}{3}$。）

我们看到，除以一个分数等于乘以这个分数的倒数！

分数的规则 8：

$$\frac{a}{b} \div \frac{c}{d} = \frac{a}{b} \times \frac{d}{c}$$

这就是分数的除法。

问题 5.23

将一个饼的 $\frac{2}{5}$（即 $\frac{2}{5}$ 个饼）平分给 $\frac{3}{7}$ 个学生，1 个学生获得多少饼？可以用这个模型来解释分数的除法吗？ ■

问题 5.24

考虑下面的除法问题：

$$2\frac{1}{3} \div \frac{2}{3}$$

(a) 这个问题的答案是什么？

(b) 创造一个"应用题"，该题的解答用到上述分数的除法。

(c) 用你认为最好的办法，给一个初学者讲述解决上述问题的方法是什么？
请解释。 ■

问题 5.25

计算 $\frac{10}{13} \div \frac{2}{13}$。有何发现？ ■

问题 5.26

式子 $\frac{12}{15} \div \frac{3}{5} = \frac{12 \div 3}{15 \div 5}$ 对吗？是巧合？ ■

5.5 埃及分数

假设我们希望将 7 个饼平分给 12 个学生。当然，根据我们的模型，每个学生获得 $\frac{7}{12}$ 个饼。但是如果我们面对的是一个很实际的问题，有 7 个饼：

图 5.24

问题 5.27

有可能分给每个学生一个完整的饼吗？　　　　　　　　　　　　　　　　■

答：不可能。那么，退而求其次，每个学生可以获得半个饼呢？可以! 有 12 个半个饼可以分配，还剩一个饼。把最后一个饼分成 12 份，每个学生再得到额外的一份（1/12）。

图 5.25

于是，每个学生获得了 $\frac{1}{2} + \frac{1}{12}$ 饼。这是正确的，我们有 $\frac{7}{12} = \frac{1}{2} + \frac{1}{12}$。

单位分数，是指分子为 1，分母为一个整数的数。它们在实际中易于操作，且有很易于直观理解。大约公元前 2000 年的古埃及商人和学者就开始把分数表示（分解）为几个单位分数的和。比如，$\frac{3}{10} = \frac{1}{4} + \frac{1}{20}$，以及 $\frac{5}{7} = \frac{1}{2} + \frac{1}{5} + \frac{1}{70}$，等等。（所以，把 3 个饼平分给 10 个学生，每个学生就可分得 1 个 1/4 饼和 1 个 1/20 饼。）

古埃及人在一个数上面写个点表示一个对应的单位分数。因此，分数 $\frac{3}{10}$ 就表示为：$\dot{4} + \dot{20}$，分数 $\frac{5}{7}$ 表示为 $\dot{2} + \dot{5} + \dot{70}$。它们把所有的分数都用这个形式来表示，$\frac{2}{3}$ 除外，古埃及人似乎对这个分数另有他用。

互联网查阅
古埃及人为什么坚持把分数表示为单位分数之和，而且不允许重复呢？（比

如 $\frac{3}{10} = \frac{1}{4} + \frac{1}{20}$ 是一个希望的表示,而不希望出现 $\frac{3}{10} = \frac{1}{10} + \frac{1}{10} + \frac{1}{10}$ 这样的情况。)有其他的现实考虑吗?比如 3 个饼平分给 10 个学生,是可以把每个饼分成 10 片,然后每个学生得到 3 份。是否收到 2 份(一份 1/4,1 份 1/20)更好些呢?你觉得呢?

可在互联网上查阅相关资料。

古埃及人习惯把一个分数分解为几个单位分数的和,但通常这些计算不是那么容易的。

例 5.6

将 $\frac{4}{13}$ 分解为几个不同的单位分数之和。 ∎

解: 在分解分数时,古埃及人喜欢从给定的分数里,每次先"拿掉"最大可能的单位分数。注意到 $\frac{4}{13} = \dfrac{1}{3\frac{1}{4}}$ 这表明 $\frac{4}{13}$ 小于 $\frac{1}{3}$,但大于 $\frac{1}{4}$,所以能"拿掉"的最大的单位分数就是 $\frac{1}{4}$。再简单演算一下,我们有 $\frac{4}{13} = \frac{1}{4} + \frac{3}{52}$。

那么对于 $\frac{3}{52} = \dfrac{1}{17\frac{1}{3}}$,这表明 $\frac{1}{18}$ 是下一个"拿掉"的最大的单位分数。我们又得到

$$\frac{3}{52} - \frac{1}{18} = \frac{1}{468}$$

从而 $\frac{4}{13} = \frac{1}{4} + \frac{1}{18} + \frac{1}{468}$。完工!

问题 5.28

用上例的方法将 $\frac{3}{7}$ 和 $\frac{5}{11}$ 分别分解为一些单位分数的和。 ∎

1202 年,意大利数学家斐波那契(Fibonacci)质疑是否每个分数都能分解为不同的单位分数之和。上例中"每次拿掉最大可能的单位分数"的方法是否最终能将一个分数分解为不同的单位分数之和呢?斐波那契本人给出了这个问题的一个肯定答案。

斐波那契的证明:
假设我们要将分数 $\dfrac{a}{b}$ 进行分解,我们假设 $a < b$。

(a) 令 N 是最小的使得 $\frac{a}{b} > \frac{1}{N}$（因而 $\frac{a}{b} < \frac{1}{N-1}$）的整数。将两个分数的差 $\frac{a}{b} - \frac{1}{N}$ 写成一个分数的形式，证明这个分数的分子是正的，而且小于 a。

(b) 解释为什么我们重复这个过程，最终一定能得到一个分数其分子为 1。

(c) 由此解释为什么 $\frac{a}{b}$ 一定能等于一些不同的单位分数的和。

埃及分数也出现在一些经典的趣味数学中。

> **谜题 一个财产分配难题**
>
> 　　一个年迈的牧羊人，不是很懂分数。去世后留下一个遗嘱：把他的 17 只羊分给他的三个儿子，给他最喜欢的大儿子分 1/2，给他比较喜欢的二儿子分 1/3，给他不是那么喜欢的小儿子分 1/9。他的三个儿子发现 17 非常不方便整除这些分母，然而他们找到了一个聪明的办法，成功地实现了父亲的遗愿。他们怎么实现的呢？

另一个类似的问题：一个对分数也只有模糊理解的农场主，希望把她的 624 只美洲驼分配给她的三个女儿：大女儿分得 1/5，二女儿分得 1/30，三女儿分得 1/2670！三个孝顺的女儿也想法实现了她们母亲的愿望。她们怎么实现的呢？

这类经典的分牲畜的问题有一个巧妙的方法。（它们都不需要把牲畜切成一块一块的肉再来分！）

继续阅读前，先思考思考。

可以这样解决问题：三个儿子先从邻居那里借一只羊，使得总数现在是 18 只了。这样大儿子获得 9 只（1/2），二儿子获得 6 只（1/3），三儿子获得 2 只（1/9）。分完后（9+6+2 = 17），还剩一只羊，正好可以还给邻居！

另一个问题：三个女儿可以先借 2046 只美洲驼，总数就是 2670 了。然后大女儿获得 534 只（1/5），二女儿获得 89 只（1/30），三女儿获得 1 只（1/2670）。这样还剩下 2046 只，刚好可以还回去！

注意到

$$\frac{1}{2} + \frac{1}{3} + \frac{1}{9} = \frac{17}{18}$$

如果我们将式子改写为

$$18 \times \left(\frac{1}{2} + \frac{1}{3} + \frac{1}{9} \right) = 17$$

我们就更容易理解为什么要借一只羊，使得总数为 18 只就能解决这个问题！（实际上 18 就是 2, 3 和 9 的最小公倍数。）

同样：

$$\frac{1}{5} + \frac{1}{30} + \frac{1}{2670} = \frac{674}{2670}$$

给出了分美洲驼问题的解。

现在我们知道怎么创造类似的"分牲畜"的问题了：一些分数，只要把它们的和表示为一个新的分数，其分母为原来几个分数的最小公倍数即可。比如：

$$\frac{1}{4} + \frac{1}{6} + \frac{2}{15} + \frac{7}{20} = \frac{54}{60}$$

即可得到一个问题："4 个儿子分 54 只羊，依次分得 1/4, 1/6, 2/15 和 7/20"。这类问题中，一些单位分数之和的分子比分母少 1（即只需要借一只羊的情形），显得最有趣。比如：

$$\frac{1}{2} + \frac{1}{3} + \frac{1}{8} = \frac{23}{24}$$

$$\frac{1}{2} + \frac{1}{3} + \frac{1}{7} + \frac{1}{44} = \frac{923}{924}$$

$$\frac{1}{3} + \frac{1}{5} + \frac{1}{6} + \frac{1}{8} + \frac{1}{12} + \frac{1}{20} + \frac{1}{30} = \frac{119}{120}$$

这些等式即可得到相应的谜题。

问题 5.29

根据等式

$$\frac{1}{2} + \frac{1}{3} + \frac{1}{7} + \frac{1}{78} = \frac{90}{91}$$

可以创造一个，只需要借一只羊就可以"分羊"的问题吗？为什么？　∎

注：(1) 本章所用到的分数的运算规则也可以应用到分子或分母为负数的情况。(2) 任何一个模型都有局限性，分饼模型有优点，也有其局限性。模型有局限时，又该如何解决问题。有兴趣的读者可拓展阅读。

5.6 扩展练习

1. 计算下面的式子：

(a) $\dfrac{5}{7} - \dfrac{2}{3}$

(b) $\dfrac{1}{2} + \dfrac{1}{8} - \dfrac{1}{10}$

(c) $\dfrac{1}{3} \cdot \left(\dfrac{1}{5} - \dfrac{1}{8} \right)$

(d) $\dfrac{17}{34} \cdot \dfrac{34}{68}$

(e) $\dfrac{1}{2} + \dfrac{1}{4} + \dfrac{1}{8} + \dfrac{1}{16} + \dfrac{1}{32} + \dfrac{1}{64}$

2. 计算下面的式子：

(a) $\dfrac{1}{3} + \dfrac{1}{9}$

(b) $\dfrac{1}{3} + \dfrac{1}{9} + \dfrac{1}{27}$

(c) $\dfrac{1}{3} + \dfrac{1}{9} + \dfrac{1}{27} + \dfrac{1}{81}$

(d) $\dfrac{1}{3} + \dfrac{1}{9} + \dfrac{1}{27} + \dfrac{1}{81} + \dfrac{1}{243}$

有规律吗？

3. $\dfrac{5}{9}$ 和 $\dfrac{15}{28}$，哪个分数大一点？

4. 计算下面各式：

(a) $\dfrac{3/7}{2/5}$;　　(b) $\dfrac{1}{2/9}$;　　(c) $\dfrac{3/4}{2/\left(\frac{3}{5} \right)}$

5. 检验用一个分数表示除法的结果是否正确，可以用结果乘以分数的分母，如果乘积等于分子，则该答案是正确的。例如：$\dfrac{20}{5} = 4$ 是正确的，因为 5×4 的确是 20。

(a) 用这个方法解释为什么"对于 $\dfrac{a}{0}$ ($a \neq 0$) 不可能定义它的值"？

(b) 对这个式子" $\dfrac{0}{0}$ "呢？

6. 有个学生有这样一个问题：一个数乘以 1/2 等于这个数除以 2 吗？

(a) 用相应的算术运算规则证明：$\dfrac{1}{2} \cdot x$ 确实等于 $\dfrac{x}{2}$。

(b) 用相应的算术运算规则证明：$\dfrac{a+b}{2} = \dfrac{a}{2} + \dfrac{b}{2}$。

(c) 怎样对一个学习者解释这个式子 $\dfrac{a \cdot b}{2} = \dfrac{a}{2} \cdot \dfrac{b}{2}$ 是不成立的？

7. 解释为什么任何两个不相等的分数之间一定存在另外一个分数，比如在 $\dfrac{1}{2}$ 和 $\dfrac{8}{9}$ 之间就有分数 $\dfrac{25}{36}$。（这个事实说明分数在数轴上是"稠密"的。）

8. 尝试解决下面每个问题

(a) 为什么"如果 $b \neq 0$，那么我们有 $\frac{0}{b} = 0$"?

(b) 根据分数加法的规则，$\frac{a}{b} + \frac{(-a)}{b}$ 应该等于多少?

(c) 为什么把 $\frac{-a}{b}$ 和 $-\frac{a}{b}$ 定义成相等是合理的?

(d) 用分数的规则 3（适用于负数情况）解释为什么 $\frac{a}{-b} = \frac{-a}{b}$?

(e) 能不能通过分饼的模型来解释 $\frac{-a}{b} = -\frac{a}{b}$ 和 $\frac{a}{-b} = -\frac{a}{b}$ 呢?

9. (a) "一个正数乘以一个小于 1 的分数，所得结果比这个正数小。"这个事实"显然"吗? 解释为什么 "$\frac{4}{5} \times x$ 小于 x（这里的 x 是一个正数）"。

(b) 为什么 "$x \div \frac{4}{5}$ 的结果比 x 要大（这里的 x 是一个正数）"?

10. 一个牧羊人欲把他的 601 只羊分给 4 个儿子，依次获得 3/5, 1/7, 1/9 和 1/10。如何实现他的愿望?

11. 基于式子 $\frac{1}{3} + \frac{1}{4} + \frac{2}{7} + \frac{1}{12} = \frac{80}{84}$，创造一个"牧羊人分羊"的问题。需要多少个儿子? 多少只羊?

12. (a) 将分数 $\frac{3}{4}, \frac{2}{5}, \frac{8}{13}$ 各自表示成不同的单位分数之和（比如 $\frac{17}{40} = \frac{1}{5} + \frac{1}{8} + \frac{1}{10}$）。

(b) 将 $\frac{12}{17}$ 表示成 2 种不同的单位分数之和。

13. 用斐波那契方法将分数 $\frac{1}{1}$ 表示为无穷个单位分数之和。你发现了什么? 分母有规律吗?

14. (a) 继续下面的"分数树"，直到出现分数 $\frac{13}{20}$ 为止。

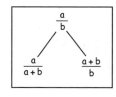

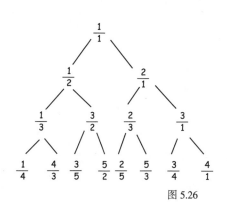

图 5.26

(b) 解释为什么分数 $\dfrac{13}{20}$（事实上，所有分数）不可能在这个"分数树"上出现两次。［提示：分数 $\dfrac{13}{20}$ 的父系（上一个树枝）是什么？祖辈（上上级树枝）是什么？］

(c) 解释为什么每个既约正分数都会出现在这个"分数树"的某个地方。［提示：可以学完欧几里得算法后，再来做这个问题。］

15. (a) 求满足下面方程的 x：

$$x = 1 + \frac{1}{x}$$

共有两个数满足这个方程，两数中较大的数称为"黄金比或黄金分割"。

(b) 如果 x 是黄金比，那么证明 x 也满足方程

$$x = 1 + \cfrac{1}{1 + \cfrac{1}{x}}$$

(c) 证明它也满足

$$x = 1 + \cfrac{1}{1 + \cfrac{1}{1 + \cfrac{1}{1 + \cfrac{1}{1 + \cfrac{1}{1 + x}}}}}$$

看起来好像"黄金比"和下面的分数序列有联系：

$$1, \quad 1 + \frac{1}{1} = 2, \quad \cfrac{1}{1 + \cfrac{1}{1 + 1}} = \frac{3}{2}, \quad 1 + \cfrac{1}{1 + \cfrac{1}{1 + \cfrac{1}{1}}} = \frac{5}{3}, \quad \cdots$$

(d) 计算上面分数序列接下来的 5 项。

(e) 解释为什么序列中每一项的分子总是下一项的分母。

(f) 解释为什么每一项的分子总是前一项分子和分母之和。

(g)（互联网查阅）哪个著名的序列出现在这些分数中？

16. 第 n 个法雷（Farey）序列是这样一个集合：集合中元素为 $\dfrac{0}{1}$ 以及满足条件 $\dfrac{a}{b}$ 其中 $a \leqslant b \leqslant n\,(a \geqslant 0)$ 的所有可能的既约分数，并写成递增的顺序。比如，前 5 个法雷序列为：

$$\left\{ \frac{0}{1}, \frac{1}{1} \right\} \qquad\qquad （分母最多为 1）$$

$$\left\{\frac{0}{1}, \frac{1}{2}, \frac{1}{1}\right\}$$ （分母最多为 2）

$$\left\{\frac{0}{1}, \frac{1}{3}, \frac{1}{2}, \frac{2}{3}, \frac{1}{1}\right\}$$ （分母最多为 3）

$$\left\{\frac{0}{1}, \frac{1}{4}, \frac{1}{3}, \frac{1}{2}, \frac{2}{3}, \frac{3}{4}, \frac{1}{1}\right\}$$ （分母最多为 4）

$$\left\{\frac{0}{1}, \frac{1}{5}, \frac{1}{4}, \frac{1}{3}, \frac{2}{5}, \frac{1}{2}, \frac{3}{5}, \frac{2}{3}, \frac{3}{4}, \frac{4}{5}, \frac{1}{1}\right\}$$ （分母最多为 5）

(a) 求第 6 个法雷序列。

(b) 证明如果 $\frac{a}{b}, \frac{c}{d}$ 和 $\frac{e}{f}$ 是某个法雷序列中连续的 3 项，那么 $\frac{c}{d}$ 是 $\frac{a}{b}$ 和 $\frac{e}{f}$ 的中间数。

17. 一些分数的"奇异约分"现象。下面每个式子都是正确的：

$$\frac{2\not6}{\not65} = \frac{2}{5} \qquad \frac{1\not9}{\not95} = \frac{1}{5}$$

$$\frac{1\not6}{\not64} = \frac{1}{4} \qquad \frac{2\not6\not6\not6}{\not6\not6\not65} = \frac{2}{5}$$

$$\frac{4\not9}{\not98} = \frac{4}{8} \qquad \frac{16\not3}{\not326} = \frac{1}{2}$$

在一个分数里，是否总是可以同时从分母中消掉"3, 6 或者 9"？约翰·麦卡锡（John McCarthy）发现了下面这个令人印象深刻的分数：

$$\frac{12345679}{98765432} = \frac{1}{8}$$

找到更多"奇异约分"的例子。

智控爆炸机

6

本章导读

当人们用自然数来计数时，对一个很大的数，发明了很巧妙的计数方式，"位值"和"进制"。比如，我们知道十进制数 8137 表示"8 个千""1 个百""3 个十"及"7 个一"。所以：

$$8137 = 8 \times 1000 + 1 \times 100 + 3 \times 10 + 7$$
$$= 8 \times 10^3 + 1 \times 10^2 + 3 \times 10^1 + 7 \times 1$$

一般的 N 进制是什么意思？怎么进行运算？本章提出了一个"智控爆炸机"模型，生动地解释了进制及相应的运算。这个"智控爆炸机"除了用于理解位值、进制等概念外，还引发了很多相关研究。本书作者坦顿博士是这个思想的创始人，本书第 13 章和第 18 章也与智控爆炸机有关。

问题 6.1

(a) 怎么把自然数表示为其他进制的数？比如二进制，三进制，八进制，十六进制，等等。

(b) 自然数有没有分数进制表示，比如 3/2 进制；有没有负进制，比如 −4 进制。

■

6.1 智控爆炸机工作机制

这里有一个简单的机器能帮助解释"数的表示"及"位值"。"$1 \leftarrow 2$ 智控爆炸机"是一个横放的水平箱子，里面隔成了一个一个的正方体空间（我们不妨称之为盒子）。这个机器有个很奇怪的地方，就是机器的左边是没有边界的，就是说可以向左边想怎么延伸就怎么延伸。这个机器按下面的规则来运行：

"1 ← 2 智控爆炸机"

　　在机器的任何一个盒子里，只要有两个点，这机器就会智能控制其爆炸：同一盒子里每两个点发生一次"碰撞爆炸"，爆炸的结果是这两个点彻底消失了，紧邻这两个点的左边的盒子会生成一个新的点。

　　比如说，我们放 6 个点到这个"1 ← 2 爆炸机"最右边的盒子，那么会产生 4 次爆炸，最后机器内点的分布从左到右显示为"110"。如图 6.1 所示。

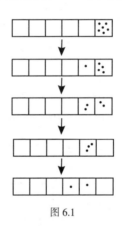

图 6.1

问题 6.2

(a) 如果把 13 个点放在机器最右边的盒子，机器内部经过一系列智控爆炸后，最终各盒子点的分布状态为"1101"。

(b) 如果把 50 个点放在机器最右边的盒子，机器内部经过一系列智控爆炸后，最终各盒子点的分布状态为"110010"。

验证上述结果。　　　　　　　　　　　　　　　　　　　　　　　　■

问题 6.3

　　智控爆炸机最后的点的分布，和内部盒子里引发爆炸的那些点爆炸顺序有关系吗？　　　　　　　　　　　　　　　　　　　　　　　　　　　　■

　　当然，既然每个盒子里面的一个点相当于紧邻这个盒子的右边盒子内的 2 个点，如果我们把最右边的盒子称为"单位 1"，那么每个盒子就对应着一个 2 的幂！比如 13 等于 8 + 4 + 1，它的二进制表示就是 1101。

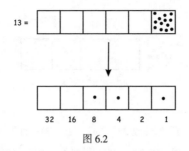

图 6.2

(a) "1 ← 2 智控爆炸机" 将一个数转化为它的二进制表示；

(b) "1 ← 3 智控爆炸机" 将一个数转化为它的三进制表示；

(c) "1 ← 5 智控爆炸机" 将一个数转化为它的五进制表示；

(d) "1 ← 10 智控爆炸机" 将一个数转化为它的十进制表示。

......

问题 6.4

(a) 用 "1 ← 3 智控爆炸机" 找到 8, 19 及 42 三个数各自的三进制表示；

(b) 用 "1 ← 5 智控爆炸机" 找到 90 的五进制表示；

(c) 用 "1 ← 10 智控爆炸机" 找到 179 的十进制表示。（爆炸机的工作原理！）　■

现在我们知道 "智控爆炸机" 也可称为 "进制机" 了，比如 "1 ← 2 智控爆炸机" 为二进制机，"1 ← 3 智控爆炸机" 为三进制机，等等。

我们可以用这些进制机来研究一些饶有兴趣的数学问题。比如，我们有一台 "2 ← 3 智控爆炸机"，这台机器控制内部爆炸机制为：一个盒子里每 3 个点发生爆炸后，在相邻的左边盒子生成 2 个点。比如放 10 个点在最右边的盒子，经过一系列内部爆炸后，我们有

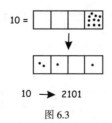

10 ⟶ 2101

图 6.3

检查一下是否正确！这台爆炸机是 "多少进制机"？

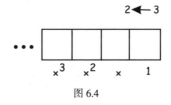

图 6.4

我们知道 3 个"单位 1"爆炸成 2 个"x", $(2x = 3)$；而 3 个"x"爆炸成 2 个"x^2"，即 $(2x^2 = 3x)$；依次类推，解得 $x = \dfrac{3}{2}$。我们得到了一个"$\dfrac{3}{2}$ 进制机"！验证一下：

$$2 \times \left(\frac{3}{2}\right)^3 + 1 \times \left(\frac{3}{2}\right)^2 + 0 \times \left(\frac{3}{2}\right) + 1 \times 1$$

确实等于 10。

问题 6.5

(a) 用"$\dfrac{3}{2}$ 进制机"找出 1 到 30 的"$\dfrac{3}{2}$ 进制"表示，有规律吗？

(b) 一个"$2 \leftarrow 4$ 进制机"和一个"$1 \leftarrow 2$ 进制机"有何不同？（它们都是和二进制表示相关。）

(c) 用"$2 \leftarrow 4$ 进制机"找出 1 到 30 的表示，再用"$1 \leftarrow 2$ 进制机"找出 1 到 30 的表示。从中可以看到两个进制机相互转换的快捷方式吗？

(d) 讨论"$1 \leftarrow 1$ 进制机"的作用；讨论"$2 \leftarrow 1$ 进制机"的作用。 ∎

6.2 "$1 \leftarrow 10$ 进制机"的算术

我们现在在数学上使用的"个、十、百、千、万，……"数位，正是"$1 \leftarrow 10$ 进制机"的工作方式。

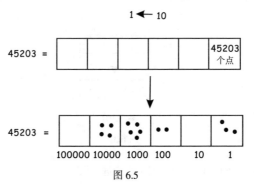

图 6.5

加法

加法在一个"1 ← 10 进制机"里非常直接的。比如，279 和 568 相加得到 $2+5=7$ 个点在"百位"，也就是从右数第三个盒子里。$7+6=13$ 个点在"十位"，也就是从右数第二个盒子里。$9+8=17$ 个点在"个位"，也就是最右边的盒子里。所以这两数之和就是"7|13|17"，我们用一根横线把这些盒子分开。

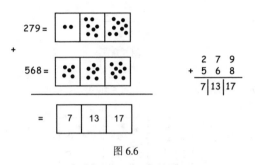

图 6.6

因为"十位"有 13 个点，其中 10 个点要爆炸，然后在"千位"生成 1 个点，所以这次爆炸后就变成了"8|3|17"。同理，"个位"有 17 个点，其中 10 个也会爆炸，然后在"十位"生成一个点，所以最后的结果就是"8|4|7"，即 $279+568=8|4|7=847$。（这样爆炸并生成一个点在数学上称为"进位"。）

实际上做加法的时候，从左到右，每一列单独计算，最后统一进位。这比传统的从右到左加并且同时进位要便捷一些。

问题 6.6

(a) 按上面从左到右的方式，快速计算下列加法，把进位留到最后。

$$\begin{array}{r} 76521 \\ +\ 14774 \\ \hline \end{array} \qquad \begin{array}{r} 5732294 \\ +\ 2394826 \\ \hline \end{array}$$

(b) 计算 56243×7。注意在最后一步进位。 ∎

减法

减法就是加上一个负的量！在我们的"点–盒子"模型中，我们也像前面负数那章用的"沙堆–沙坑"模型一样，规定一个"相反的点"——"空心点"。那么这个减法问题：

$$\begin{array}{r} 478 \\ -\ 353 \\ \hline \end{array}$$

就是实心点和空心点的相加。

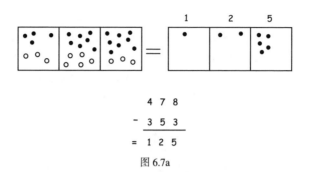

$$
\begin{array}{r}
4\ 7\ 8 \\
-\ \ 3\ 5\ 3 \\
\hline
=\ 1\ 2\ 5
\end{array}
$$

图 6.7a

我们再看另外一个问题 423 − 254，用图 6.7b 表示：

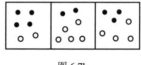

图 6.7b

实心点和空心点抵消后

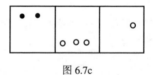

图 6.7c

那就是说

$$423 - 254 = 2|1 - 3|1 - 1$$

从数学上说这是正确的！尽管"2 个百，负的 3 个十，及负的 1 个一"代表什么，可能不好理解。要把它变为我们熟悉的形式，我们可以采用"反爆炸"的方式：一个盒子里面的实心点可以"反爆炸"成紧邻它的右边盒子里的 10 个实心点。一次"反爆炸"后，我们得到 17| − 1|，再次"反爆炸"我们得到：169。所以答案就是：

$$423 - 254 = 169$$

注：在学校课程里，"反爆炸"就是通常所说的"借位"，通常我们是边减边借位，而不是最后才借位。

问题 6.7

用上述的方法,从左减到右的方式计算:

$$
\begin{array}{r}
6\ 3\ 2\ 8 \\
-\ 4\ 4\ 6\ 9 \\
\hline
\end{array}
\qquad
\begin{array}{r}
7\ 8\ 3\ 9\ 0\ 2\ 3\ 1 \\
-\ \ 3\ 2\ 4\ 9\ 5\ 8\ 4\ 6 \\
\hline
\end{array}
$$

■

乘法

一些简单的乘法问题可以用"进制机"来解释。比如:

$$45076 \times 3 = 12|15|0|21|18$$
$$= 13|5|0|21|18$$
$$= 13|5|2|1|18$$
$$= 13|5|2|2|8 = 135228$$

一个乘法技巧

关于一个两位数乘以 11,有一个小技巧:

比如计算 14×11,将 1 和 4 分开,然后将它们的和 5 写在中间:

$$14 \times 11 = 154$$

计算 71×11,把 7 和 1 分开,然后把它们的和 8 写在中间:

$$71 \times 11 = 781$$

同样

$$20 \times 11 = 220$$
$$13 \times 11 = 143$$
$$44 \times 11 = 484$$

有进位时也是可行的:

$$67 \times 11 = 6|13|7 = 737$$
$$48 \times 11 = 4|12|8 = 528$$

(a) 为什么这个技巧可行?

(b) 快速计算 $693 \div 11$。

(c) 快速计算 133331×11。

   133 331 是一个回文数，从右边念到左边和从左边念到右边是一样的。又比如，124 454 421 也是一个回文数。

(d) 一个回文数乘以 11 得到另一个回文数，这个说法正确吗？为什么？

"进制机"的乘法：一个高难度的挑战。
   探索用"进制机"模型进行乘法运算。用你的方法计算 354 × 672。

"进制机"的模型用于乘法运算显得比较有局限性。但是它却可以很自然地用于解释除法运算。

长除

考虑 384 ÷ 12。这意味着我们要把 384 个点每 12 点分成一组。传统的方法是：

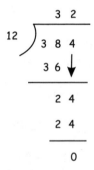

这个算法当然是正确的。但这个算法也让人感觉很神秘，没有直观的意义。在一个"点-盒-进制机"模型中，384 ÷ 12，就是把 12 个点视为一组，然后看在 384 个点中能找到几组：

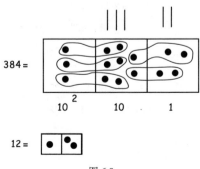

图 6.8

注意，我们发现在"十位"的位置，有 3 组"12"，在个位的位置有 2 组"12"。从而 384 ÷ 12 就是 32。

注： 注意到传统的长除算法其本质上就是上述方法了吗？

问题 6.8

用进制机模型计算除法（可能会需要"反爆炸"点）：

(a) 235431 ÷ 101；

(b) 30176 ÷ 23。　　　　　　　　　　　　　　　　　　　　　　■

问题 6.9

用"1 ← 10 进制机"计算 2798 ÷ 2。证明余数是 2。　　　　　　■

注： 用"进制机"模型来解决问题，在纸上操作不那么方便，也不是一个值得推荐的计算方法。但它有助于我们更深刻地理解算术中的一些基本概念和思想。

问题 6.10

(a) 用"1 ← 5 进制机"来证明，在五进制中

$$2014 ÷ 11$$

商为 133，余数为 1。

(b) 在十进制中 2014 ÷ 11 = 183 余 1 也成立吗？证明其成立。　　■

研究： 一个数除以 9 的一个"酷"技巧。

(a) 计算 213101 ÷ 9，找到商和余数。如果我们依次把被除数的各位数加起来，我们有

$$2 = 2$$
$$2 + 1 = 3$$
$$2 + 1 + 3 = 6$$
$$2 + 1 + 3 + 1 = 7$$
$$2 + 1 + 3 + 1 + 0 = 7$$
$$2 + 1 + 3 + 1 + 0 + 1 = 8$$

答案就是 213101 ÷ 9 = 23677 余 8（即商为 23677，余 8）。这不是巧合！

(b) 解释为什么一个数 N 除以 9 的商和余数，和这个数的各位数之和有上述关系。提示：考虑"1 ← 10 进制机"。除以 9 和除以 10 + (−1) 是一样的。我们可在 N 中寻找：

图 6.9

6.3 小数

我们知道，一个除法可以得到一个不为 0 的余数。比如：

$$17 \div 12 = 1 \text{ 余 } 5$$

继续除下去

$$17 \div 12 = 1.416\cdots$$

如果我们在进制机中一直"反爆炸"点，我们也可以用进制机得到相应的小数。

例 6.1

证明：在五进制中，1432 除以 13 得到商 110，余数 2。继续除下去，我们可以得到

$$1432 \div 13 = 110.1111\cdots$$ ■

解：

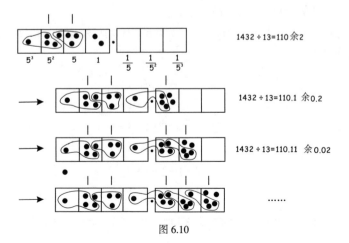

图 6.10

等等。

问题 6.11

(a) 用 "1 ← 10 进制机" 计算 $8 \div 3$，验证其结果为 $2.666\cdots$

(b) 用 "1 ← 3 进制机" 计算 $1 \div 11$，验证其结果为 $0.020202\cdots$（这说明分数 $\frac{1}{4}$ 写成三进制就是：$0.02020202\cdots$）

(c) 将十进制分数 $\frac{2}{5}$ 写成四进制小数。 ∎

问题 6.12

(a) 怎样在一张纸条上分别在 $\frac{1}{2}, \frac{1}{4}, \frac{1}{16}, \frac{27}{64}$ 的位置折出一个折痕。

(b) 如何将一条领带三折叠（即找到 1/3 的位置）。 ∎

6.4 "1 ← x 进制机" 的算术

我们已经看到在 "1 ← 10 进制机" 中进行的运算，不仅仅十进制。我们也可以类似地进行五进制、八进制等的运算。事实上对于 x 进制，我们有对应的 "1 ← x 进制机"。同样的原理，我们可以进行多项式的除法运算。比如：

$$(3x^2 + 8x + 4) \div (x + 2)$$

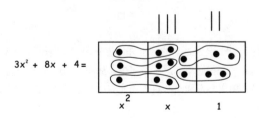

$$3x^2 + 8x + 4 =$$

$$x + 2 =$$

图 6.11

我们得到 $(3x^2 + 8x + 4) \div (x + 2) = 3x + 2$。于是，多项式的除法可以被看作通常的长除！

> **问题 6.13**
>
> 用 "$1 \leftarrow x$ 进制机" 计算 $(x^4 + 3x^3 + 4x^2 + 6x + 3) \div (x^2 + 3)$。 ∎

我们现在来看系数有负数的情况：

> **例 6.2**
>
> 计算
>
> $$(x^3 - 3x + 2) \div (x + 2)$$ ∎

解： 我们先把这两个多项式在机器中表示出来：

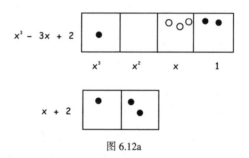

图 6.12a

我们的目标是在最上面的图形中找到有多少组下面的图形：

图 6.12b

这里有个问题，有个盒子是空的。也许你想到用"反爆炸"，这样，空的盒子就不再是空的了。但问题是，我们不知道 x 是多少，从而不知道该"反爆炸"成多少点。但是我们可以这样做：用实心点和空心点去填充空的盒子！这不改变原式，但是却给了我们想要的东西！

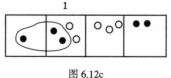

图 6.12c

同时，这里也有我们寻找的正好"相反的"的图形：都是空心点的图形！

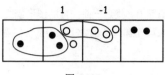

图 6.12d

接着用此方法，我们得到：

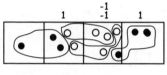

图 6.12e

从而

$$\frac{x^2 - 3x + 2}{x + 2} = x^2 - 2x + 1$$

验证此式，计算 $x^2 - 2x + 1$ 乘以 $x + 2$ 即可！

例 6.3 （一个无穷的过程）

考虑一个"1 ← x 进制机"

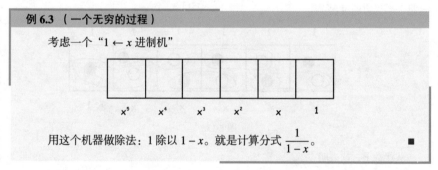

用这个机器做除法：1 除以 $1 - x$。就是计算分式 $\dfrac{1}{1-x}$。 ∎

解："1"表示最右边的盒子里有一个实心点。"$1-x$"表示最右边盒子有一个实心点，x 的位置有个空心点：

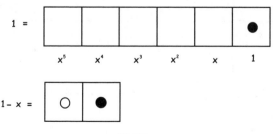

图 6.13a

我们希望在上面一排图形中，找到下面一排的图形模式。当然目前一个没有！我们还是通过实心点和空心点来填充那些空的盒子！于是我们看到在 x^1 的位置有一个实心点和一个空心点：

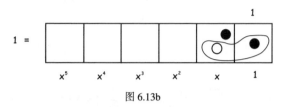

图 6.13b

我们可以在 x^2 的位置重复这个技巧：

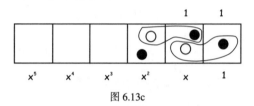

图 6.13c

这是一个无穷的过程。

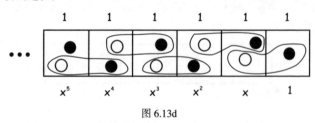

图 6.13d

从代数上，这表明

$$\frac{1}{1-x} = 1 + x + x^2 + x^3 + \cdots$$

问题 6.14

(a) 用这个方法证明

$$\frac{1}{1+x} = 1 - x + x^2 - x^3 + x^4 - \cdots$$

(b) 计算 $\dfrac{x}{1-x^2}$。 ∎

这里有个新类型的机器，我们称之为"1| − 1 ← 0|2 进制机"，其工作原理是：每个盒子里两个实心点爆炸生成这个盒子里的一个空心点和相邻的左边盒子一个实心点！如下图所示：

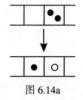

图 6.14a

(a) 证明 20 在这个机器中表示为：1| − 1|1| − 1。

(b) 在这个机器中"1|1|0| − 1"表示的是什么数？

(c) 这台机器也是一个进制机！

图 6.14b

解释为什么 x 等于 3。

所以"1| − 1 ← 0|2 进制机"显示，每个整数都可以写成一个式子的和，其中每一项都是一个系数乘以 3 的某个幂，系数只能是 1，0 或者 −1。

(d) 一位杂货店的女店主有一个简单的天平秤，以及 5 个秤锤。秤锤的质量分别是 1, 3, 9, 27 和 81 磅。

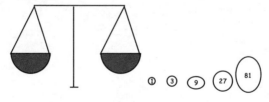

图 6.14c

如果你将一个 20 磅的石头放在天平秤的一边，女店主是可以使用她全部或者部分的秤锤，使得整个天平秤平衡。她要怎么做？

(e) 如果石头的质量是 67 磅呢？

欧几里得算法

本章导读

　　一个素数 p 如果整除整数 a 和 b 的乘积，那么它一定整除 a 或者 b。这个看似简单，甚至明显的事实却是素数的关键性质，其直接结果就是下一章的算术基本定理。本章从几个看似不相关的谜题开始，然后分析它们之间的联系，最后证明素数的关键性质。

　　我们先从三个有紧密联系的谜题开始：

谜题 1. 一个等式

　　找到两个数使得下面的等式成立：

$$[\ ] \times 3 + [\ ] \times 5 = 1$$

谜题 2. 用罐量水

　　有两个罐子：一个能装 3 升水，另一个能装 5 升水。罐子上都没有任何刻度。用这两个罐子能从水井里得到正好 1 升的水吗？

　　因为没有刻度，没有装满水的罐子是无法知道里面的水有多少的，所以这里只有三种有意义的操作：

1. 完全装满某一个罐子；

2. 完全倒空某一个罐子；

3. 将一个罐子的水全部倒入另一个罐子。

 (a) 如何得到 1 升的水。

 (b) 如果两个罐子分别能装 4 升和 9 升的水，如何得到 1 升的水。

 (c) 如果两个罐子分别能装 9 升和 16 升的水，能得到 1 升的水吗？

 (d) 如果两个罐子分别能装 9 升和 21 升的水，能得到 1 升的水吗？

如果能得到 1 升的水的话，是不是不止一种办法呢？

谜题 3. "9-16" 游戏

在黑板上写下两个数字 9 和 16：

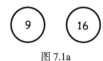

图 7.1a

有两个人依次在黑板上写下一个正整数：这个正整数是黑板上已有的数字中某两个数的差，且之前没有出现在黑板上。两人轮流写，最后一个无数可写者为本次游戏的失败者。例如，第一个人开始写，他只能写下数字 7：

7

图 7.1b

接下来写的人也没有选择，只能写下数字 2：

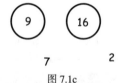

7   2

图 7.1c

这时再上场的人就有一些选择了，比如他可以写 5 也可以写 12。

(a) 玩几次这个 "9-16" 游戏。有没有一个玩家总是能赢？游戏结束后黑板上的那些数字有何规律？

(b) 再玩几次 "7-18" 游戏。游戏结束后黑板上的那些数字有无规律？游戏中，哪个玩家一定会赢？

(c) 继续玩一次 "11-25" 游戏。为了赢下这个游戏，你希望先上场还是后上场？

(d) 再玩 "15-21" 游戏。这一次有什么不一样？

(e) 能否找到一对整数，使得下列等式成立：

$$[\ ] \times 15 + [\ ] \times 21 = 1$$

(f) 用一个能装 15 升的水罐和一个能装 21 升的水罐，能得到 1 升的水吗？

在继续阅读前，玩几把上述游戏！

关于解的一些想法

我们考虑用罐量水的问题：用一个能装 3 升水的罐子和一个能装 5 升水的罐子，如何得到正好 1 升的水？

图 7.2 显示一个可能的方法。此法中 3 升的水罐被装满 2 次，5 升的水罐清空一次。剩下的水正好就是 $2 \times 3 + (-1) \times 5 = 1$ 升。

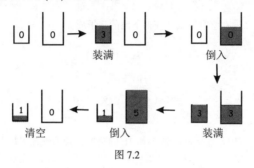

图 7.2

注意这个解正好对应谜题的 1 个解！

实际上，方程 $x \times 3 + y \times 5 = 1$ 的任何一个解都对应着用罐量水问题的一个解。比如方程 $(-3) \times 3 + 2 \times 5 = 1$ 对应的用罐子量水问题的解就是：5 升的罐子装满 2 次，3 升的罐子清空 3 次！

问题 7.1

如图 7.2 一样，画图演示 $(-3) \times 3 + 2 \times 5 = 1$ 在用罐量水问题中对应的操作。　∎

问题 7.2

求下列方程的整数解：

$$(1) \ 4x + 9y = 1$$

$$(2) \ 9x + 16y = 1$$

用你的答案描述"一个 4 升水罐和一个 9 升的水罐，如何得到正好 1 升的水"，以及"一个 9 升水罐和一个 16 升的水罐，如何得到正好 1 升的水"。　∎

我们曾经问过"一个 9 升水罐和一个 21 升的水罐，是否可得到正好 1 升的水"的问题。这就意味着我们要找到方程 $x \times 9 + y \times 21 = 1$ 的整数解。如果有解，那么方程的左边是 3 的倍数，而右边是 1，当然这是不可能的。所以这个问题无解！但是我们可以用一个 9 升水罐和一个 21 升的水罐得到正好 3 升的水！

问题 7.3

　　求方程 $9x + 21y = 3$ 的整数解。用你的解描述 "一个 9 升水罐和一个 21 升的水罐，如何得到正好 3 升的水"。　　■

问题 7.4

　　解释为什么没有整数 x 及 y 使得下面的式子成立：

$$4x + 10y = 1$$

$$15x + 35y = 7$$

$$3563x + 777707y = 110$$　　■

　　在 "9-16" 游戏中，你会注意到 1 到 16 的整数都会出现在黑板上。如果你事先知道这个事实，那么你第二个上场就一定能赢。同样，在 "7-18" 的游戏中，1 到 18 的所有整数都会出现在黑板上，"11-25" 的游戏中 1 到 25 的整数都会出现在黑板上。

　　然而，在 "15-21" 游戏中，并不是 1 到 21 所有整数都出现在黑板上，只有 3 的倍数出现了！这合理，因为 2 个 3 的倍数的差也是 3 的倍数。

　　游戏中奇怪的是为什么前几次黑板上出现的都是 1 的倍数，而最后一个出现的是 3 的倍数。乍一看，不是那么显然。

问题 7.5

　　(a) 我们预测在 "14-22" 游戏中，黑板出现 1 到 22 之间所有＿＿＿＿＿＿的倍数。是这样的吗？

　　(b) 在 "28-84" 游戏中，你的预测呢？玩一玩验证你的预测。　　■

　　我们下一节的目标就是要去理解这些不同的游戏之间的联系！

7.1　欧几里得算法

　　我们来看一个简化的 "15-21" 游戏。从最开始的两个数 15 和 21 开始，我们每次只看两个数：一个大一点的数和一个小一点的数，将它们做差。为了方便起见，我们写成分数的形式，但它们不是分数！

$$\frac{15}{21} \rightarrow \frac{15}{6}$$

我们来重复这个过程，每次总是大的数减去小的数，如果下一步将出现负数或 0 我们就停止：

$$\frac{15}{21} \rightarrow \frac{15}{6} \rightarrow \frac{9}{6} \rightarrow \frac{3}{6} \rightarrow \frac{3}{3}$$

我们最后得到的是两个 3。这个 3 和原来的两个数是啥关系？它肯定是它们的一个公因子，实际上是它们的最大公因子！

我们来看另一个例子，42 和 60。

$$\frac{42}{60} \rightarrow \frac{42}{18} \rightarrow \frac{24}{18} \rightarrow \frac{6}{18} \rightarrow \frac{6}{12} \rightarrow \frac{6}{6}$$

6 确实是 42 和 60 的最大公因子。

我们得到下面的结论：

> 从一对正整数开始，写成分数的形式，大数减去小数，再从所得的数中，重复大数减小数，最终会得到两个相同的正数。这个相同的正数是开始的两个数的最大公因子。

我们接下来证明这个结论。

证：首先注意到，如果两个数 a 和 b 都是 3 的倍数，那么 a 和 $a-b$ 同样是 3 的倍数，反过来，如果知道 a 和 $a-b$ 是 3 的倍数，那么原来的两数 a 和 b 也都是 3 的倍数，且 $b = a - (a-b)$。

这里和数字 3 没有什么关系。一般地，如果 d 是 a 和 b 的公因子，那么 d 也是 a 和 $a-b$ 的公因子。

所以在数字游戏中，我们每次都没有改变两个数的公因子，直到出现：

$$\frac{a}{b} \rightarrow \cdots \rightarrow \frac{d}{d}$$

由此我们知道，a 和 b 的公因子也是 d 和 d 的因子。特别地，当 d 是 a 和 b 的最大公因子时也成立。所以 d 一定是 a 和 b 的最大公因子。

从而我们证明了上述结论。

注：我们应该说明上述的过程不会无休止地进行下去，而是会到某一步停止。这是因为我们不允许出现负数和 0，而每次的数都比原来的数小，所以总有个下界。另外我们实际上还得到另一个结论：

> 一对正整数 a 和 b 的任何公因子也是它们最大公因子的因子。

比如，36 和 48 的公因子有 1, 2, 3, 4, 6 和 12，它们每个都是 36 和 48 的最大公因子的因子！

这里还有些值得一提的。考虑一个"15-21"游戏：

$$\frac{15}{21} \rightarrow \frac{15}{6} \rightarrow \frac{9}{6} \rightarrow \frac{3}{6} \rightarrow \frac{3}{3}$$

我们把具体的过程写出来，把每一步都用原始的两个数表示出来！

$$\begin{aligned}
\frac{15}{21} &\rightarrow \frac{15}{21-15} \\
&\rightarrow \frac{15-(21-15)}{21-15} = \frac{2\times 15 - 21}{21-15} \\
&\rightarrow \frac{2\times 15 - 21 - (21-15)}{21-15} = \frac{3\times 15 - 2\times 21}{21-15} \\
&\rightarrow \frac{3\times 15 - 2\times 21}{21-15-(3\times 15 - 2\times 21)} = \frac{3\times 15 - 2\times 21}{3\times 21 - 3\times 15}
\end{aligned}$$

最后一步，当然是 $\frac{3}{3}$。

这个过程告诉我们如何把两个数 15 和 21 用它们的最大公因子 3 表示出来：

$$3 = 3 \times 15 + (-2) \times 21$$

或者

$$3 = (-4) \times 15 + 3 \times 21$$

所以，这个找最大公因子的方法提供了一个解决用罐量水问题的方法！

问题 7.6

用这个方法，求 3 和 5 的最大公因子，并且找到方程 $3x + 5y = 1$ 的两组整数解。　■

问题 7.7

把 42 和 60 这两个数的最大公因子表示成这两个数的一个组合，即

$$42 \times [\ ] + 60 \times [\ ] = \text{"42 和 60 的最大公因子"}　■$$

注：在"9-16"的游戏中，我们发现 1 到 16 的所有数都出现在黑板上！我们知道 9 和 16 的最大公因子为 1，所以我们通过重复"大数减小数"的上述方法，就会得到数字 1。只要数字 1 出现了，16 - 1，15 - 1 等等也会出现。因此 1 ~ 16 的整数都会出现。

问题 7.8

为什么在从 3 到 27 的数字中，3 的倍数都会出现在"18-27"的游戏中？ ∎

现在我们能陈述数论中可能最重要的一个定理了，它是由公元前 300 年的数学家欧几里得证明的。

定理 7.1 欧几里得算法

给定两个正整数 a 和 b，总是能通过重复"大数减小数"的方法得到它们的最大公因子 d，也总是能找整数 x 和 y 使得

$$d = ax + by$$

"因子"的英文单词，数学家通常用英文的 divisor 而不是 factor。所以两正整数 a 和 b 的最大公因子（Greatest Common Divisor，GCD）d 就记为：

$$d = \mathrm{GCD}(a, b)$$

比如：

$$\mathrm{GCD}(42, 60) = 6$$
$$\mathrm{GCD}(9, 16) = 1$$
$$\mathrm{GCD}(35, 50) = 5$$

7.2 素数的一个关键性质

如果 $10 \times M$ 是 7 的倍数，因为 10 不是，那么 M 肯定是 7 的倍数。如果 N 既是 2 的倍数也是 3 的倍数，那么它一定也是 6 的倍数。我们如果用记号 "$a|b$" 表示 a 整除 b，即 a 是 b 的因子；记号 "$a \nmid b$" 表示 a 不是 b 的因子。那么

如果 $7|10M$，因为 $7 \nmid 10$，那么 $7|M$。

如果 $2|N$ 且 $3|N$，那么 $6|N$。

可能我们都习惯了诸如此类的一些事实为"显然的"。但我们得小心。一般情况下，这类问题并不都是对的。

问题 7.9

(1) 如果 ab 是 10 倍数，意味着 a 和 b 两者之一必是 10 的倍数吗？

(2) 如果 N 是 6 的倍数，而且 N 也是 8 的倍数，试说明 N 不一定是 $6 \times 8 = 48$ 的倍数。∎

这是因为 10 不是素数。对于素数，我们相信这种情况不会发生。

例 7.1

如果整数 a 和 b 的乘积 ab 是 7 的倍数，那么证明，要么 a 是 7 的倍数，要么 b 是 7 的倍数（当然有可能两者都是）。∎

解： 欧几里得算法是关键。我们已知 ab 是 7 的倍数，假设 a 和 b 中有一个，比如 b，不是 7 的倍数。我们接下来证明 a 一定是 7 的倍数。试问，如果 b 不是 7 的倍数，那么 b 和 7 的最大公因子是多少？

因为 7 只有两个因子，1 和 7，又假定了 b 不是 7 的倍数，所以它们的最大公因子只能是 1。

$$GCD(b, 7) = 1$$

由欧几里得算法，我们能找到两个整数 x 和 y 使得

$$1 = bx + 7y$$

将它两边乘以 a，我们得到

$$a = abx + 7ay$$

因为题设 ab 是 7 的倍数，$7ay$ 显然是 7 的倍数，于是 $abx + 7ay$ 是 7 的倍数。所以等式的左边 a 自然也是 7 的倍数了。

我们已经证明了如果 b 不是 7 的倍数，那么 a 一定是。反之亦然。

这个证明推广到一般的情况就是：

定理 7.2 素数的一个关键性质

假设 p 是一个素数。如果 ab 是 p 的倍数，则要么 a 是 p 的倍数，要么 b 是 p 的倍数（或都是）。

用整除的记号：如果 $p|ab$，那么 $p|a$ 或者 $p|b$。

我们可以更进一步，假如 p 是一个素数，且三个整数的乘积 abc 是 p 的倍数。如果我们将 abc 写成两个数乘积的形式 $(ab)c$，那么，我们得到"或者 c 是 p 的倍数，或者 ab 是 p 的倍数"。如果是后者，我们又可以得到"或者 a 是 p 的倍数，或者 b 是 p 的倍数"。不管哪种情况，我们都有：

> **定理 7.3**
>
> 如果三个整数 a, b, c 的乘积 abc 是一个素数 p 的倍数，那么 a, b 或 c 三者之一必是素数 p 的倍数，即 $p|abc \implies p|a$ 或 $p|b$ 或 $p|c$。

这个结论可以推广到多个数的乘积的情况。

> **问题 7.10**
>
> 乘积 $7 \times 13 \times 19 \times 53$ 和 $41 \times 43 \times 61$ 会相等吗？ ∎

答： 不会！如果相等 $7 \times 13 \times 19 \times 53 = 41 \times 43 \times 61$，那么左边是 7 的倍数，右边也是 7 的倍数，意味着 41, 43 或者 61 三者之一必是 7 的倍数，显然这是不对的。

> **问题 7.11**
>
> 有没有可能 1300 个 11 相乘等于 987 个 17 相乘呢？ ∎

答： 不可能！如果相等，那么这些 17 的乘积必是 11 的倍数，意味着 11 会整除 987 个 17 中的某个 17，这也不可能。所以 $11^{1300} \neq 17^{987}$。

7.3 扩展练习

1. 解释不管多少个 6 的乘积都不可能等于一些 8 的乘积。即

$$6 \times 6 \times 6 \times \cdots = 8 \times 8 \times 8 \times \cdots$$

永远不可能成立。

2. 如果一个等式的两边都是三个素数的乘积，那么等式两边的素数一定是一样的（顺序可能不一致）。

为什么？

3. 有没有可能一些 6 的乘积等于一些 12 的乘积。即

$$6 \times 6 \times 6 \times \cdots = 12 \times 12 \times 12 \times \cdots$$

成立。

4. 求下列数的最大公因子：

(a) 420 和 330；

(b) 62 和 80；

(c) 91 和 73；

(d) 618 和 336。

5. (a) 求整数 x 和 y 使得

$$3 = 45x + 33y$$

(b) 如果你有两个没有任何刻度的水罐，一个能装 45 升的水，一个能装 33 升的水。如何利用这两个水罐得到正好 3 升的水？

(c) 用 (b) 的两个水罐，能得到正好 10 升的水吗？

6. 有无可能 17 000 个 13 相乘等于 14 653 个 19 相乘。为什么？

7. 有无可能很多个 24 相乘等于很多个 14 相乘呢。为什么？

8. 953 个 21 相乘后能被 41 整除吗？为什么？

9. 如果 n 是一个自然数，求：

(a) 证明 $GCD(n, n+1) = 1$，或者举反例说明其不成立。

(b) 找到一个 n，使得 $GCD(n, n+2) = 2$。这样的 n 有多少个？为什么？

10. 假设 m 是一个正整数，$GCD(0, m)$ 等于多少？为什么？

11. 整数 a 和 b 满足 $a > b$。令：

$S = a + b$，两者之和；

$D = a - b$，两者之差；

$P = S \times D$，两者之和及两者之差的乘积。

(a) 找到一对 a 和 b，使得 S, D 和 P 三者都是 5 的倍数；

(b) 找到一对 a 和 b，使得 S, D 和 P 三者中正好有两个是 5 的倍数；

(c) 证明不可能存在一对 a 和 b，使得 S, D 和 P 三者中有且只有一个是 5 的倍数；

(d) 有无可能存在一对 a 和 b，使得 S, D 和 P 三者中无一是 5 的倍数？

12. 有两根木桩立在地面上（无地下部分），一根 32 英尺[1]高，一根 18 英尺高。将高的那根对齐 18 英尺的那根截断。截掉的部分继续立在地面上。现在地面上有三根木桩，两根 18 英尺高，一根 14 英尺高。接着把三根中的两根对齐矮的那根截断。截掉的部分仍然立于地面。现在地面上有五根不等高的木桩了，三根 14 英尺高的，两根 4 英尺高的。重复这个过程：每次对齐矮的桩，截断高的桩，截掉的部分继续立于地面，直到所有的桩都等高为止。最后地面有多少根桩？高度多少？

---

[1]长度的英制单位，1 英尺 = 12 英寸 = 0.3048 米。非法定单位。　　　　　　——译者注

13. 重复上面的问题，但这次原始的两根桩高度分别为 9.3 英尺和 8.7 英尺。

14. 证明相邻两个整数的最大公因子肯定是 1。

15. (a) 在 0 到 1 024 之间有多少个自然数 n，使得 GCD$(n, 1\,024) = 1$?

    (b) 在 0 到 1 200 之间有多少个自然数 n，使得 GCD$(n, 1\,200) = 1$?

算术基本定理

本章导读

　　顾名思义，算术基本定理是算术中最基本的定理。在中小学算术课程中很多重要的结论，或者看起来显然的结论都是因为算术基本定理。但通常的教科书对这个知识点都讲得比较少。本章通过在一些不同的数集中讨论自然数的分解问题，从而说明算术基本定理并不是显然的，也不是理所当然的，而是自然数的一个基本而深刻的性质。

问题 8.1

(a) 有很多同学一起分解一个很大的数，比如 $13\,279\,384\,345$，有没有可能有几个同学分解的最后结果不一样？

(b) 如果我们限定，只能在偶数范围内分解一个数，比如 $36\,000$，分解的最后结果有可能不一样吗？

(c) 有两个同学对一个很复杂的分数约分，比如 $\dfrac{123233409000}{2349839435}$，有没有可能他们化简到最简分数时，两人得到的结果不一样？

(d) 若干个 6 的乘积有没有可能等于另外若干个 12 的乘积？　■

在空白处写下你的解答 →

8.1 不常规的定义域

在学校课程中，我们学习整数的因子（本书也称"因数"）时，我们通常画一个"因子树"。

从一个待分解的数开始，将它分解成两个数的乘积，然后继续分解直到分解成素数因子为止。这些素数因子全部乘起来就得到原数了。比如对 120，我们有下图的"因子树"：

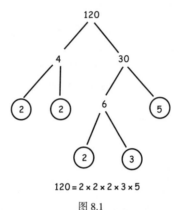

$$120 = 2 \times 2 \times 2 \times 3 \times 5$$

图 8.1

注意，在分解一个数的时候，对中途的每一步分解都可能有多种选择。奇怪的是，对任何一个数，不管中途是怎么分解的，因子树的树形也可能千差万别，但最后总是得到相同的一些素数。这个事实是很显然的吗？

问题 8.2

对一个非常大的数，比如 1 286 253 762 715 517 911 020 343 000，如果莎莉和琳琳决定各自画一个这个数的"因子树"，最后她们各自得到的素数是否是完全相同的呢？ ∎

一个奇怪的国度——偶数斯坦国

在一个叫"偶数斯坦"的国家，仅存在偶数！如果你要它的国民数到 10，他们会回应你"2, 4, 6, 8, 10"。如果你让他们数到 11，他们会用很疑惑的眼光看着你。这个国家没有 11 这样的奇数！

这个国家的数学里，有些数能分解，有些不能，比如 24 可以分解（4×6），但 26 不能分解（因为"13"在这个国家是不存在的）。那些能分解的数，我们称为"e-合数"；而那些不能分解的数，我们称之为"e-素数"。

问题 **8.3**

列出前 20 个 "e-素数"。 ∎

活动： **偶数斯坦国的 "因子树"**

同其他国家一样，偶数斯坦国的学生也要画 "因子树"。比如对于 1 440，一个可能的因子数如下：

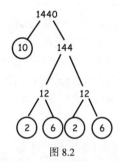

图 8.2

(a) 同样对 1440，试画另一个因子树，最后得到不同的 "e-素数" 分解；

(b) 在这个国家里，能分解成不同的 "e-素数" 乘积的最小数是什么？

所以，在偶数斯坦国，如果数的分解都可能不是唯一的，那么什么使得我们相信在我们通常的算术世界里，数的分解就一定是唯一的呢？

另一个不寻常的定义域

令 S 为所有比 3 的一个倍数多 1 的正整数的集合：

$$S = \{1, 4, 7, 10, 13, 16, 19, 22, \cdots\}$$

(a) 为什么集合 S 中任何两数的乘积还是在集合 S 中？

假设以下我们只使用集合 S 中的数，不用不在集合 S 中的数。这样，集合 S 中有些数能分解，比如 $16(16 = 4 \times 4)$，这些在 S 中能分解的数，我们称之为 "S-合数"；那些不能分解的数，比如 22，我们称之为 "S-素数"；"1" 既不是 "S-合数" 也不是 "S-素数"。

(b) 列举前 15 个 "S-素数"。

(c) 画出 11 200 的一个 "因子树"。

(d) 对于 100，画出两个本质上不同的 "因子树"。

8.2 算术基本定理

现在回到我们的自然数。

定义 8.1 正整数的素数分解

一个自然数 N 的素数分解是指把 N 表示为一些素数的乘积。

比如 $120 = 2 \times 2 \times 2 \times 3 \times 5$ 是 120 的一个素数分解。当然 $120 = 3 \times 2 \times 2 \times 5 \times 2$ 和 $120 = 5 \times 3 \times 2 \times 2 \times 2$ 也是 120 的一个素数分解。

课本里通常都假定了一个自然数分解为素数以后都会得到相同的一些素数（可能顺序不一样）。在前面的例子中，我们已经看到这不是那么显然的！但对自然数，这确实是事实！这个事实称为"算术基本定理"，我们可以通过上一章中素数的关键性质来证明！

定理 8.1 算术基本定理

每一个大于 1 的自然数，都能分解为一些素数的乘积。如果不区别这些素数的顺序，那么分解本质上是唯一的。

证明思路：我们证明如下两件事情。

1. 每个大于 1 的自然数都能分级为一些素数的乘积；

2. 把一个大于 1 的自然数表示为一些素数的乘积，本质上只有一种方式。

根据素数和合数的定义，如果一个数是合数，它总能分成大于 1 但小于它本身的两个数的乘积。如果在因子树中，分解后还有合数，则继续分解。因为每次分解后都比上一层的数要小，但都比 1 大。所以递减后，总能在有限步完成。（如果这个数是个素数，那么它的因子树就再简单不过了！）

假如自然数 N 有两种素数分解：

$$N = p_1 \times p_2 \times \cdots \times p_k$$
$$N = q_1 \times q_2 \times \cdots \times q_m$$

那么 N 是 p_1 的倍数，所以 $q_1 \times q_2 \times \cdots \times q_m$ 也是 p_1 的倍数。由素数的关键性质，我们得到 $q_1, q_2, \cdots, q_m$ 中的某一个素数一定是 p_1 的倍数，但它本身也是一个素数，所以这个素数只能是 p_1。在下面的式子：

$$p_1 \times p_2 \times \cdots \times p_k = q_1 \times q_2 \times \cdots \times q_m$$

两边消掉 p_1，重复这个推理，我们两边可以消掉 $p_2, p_3, \cdots, p_k$。这就证明了等式

$$N = p_1 \times p_2 \times \cdots \times p_k$$

和等式

$$N = q_1 \times q_2 \times \cdots \times q_m$$

的右边实际上是相同的素数的乘积（可能顺序不一样而已）。

注：为什么数学家在数论领域里要把 1 排除在素数之外，这是有原因的：如果 1 是素数，那么算术基本定理就不成立了。因为此时一个数就有多个素数分解，比如：

$$120 = 2 \times 2 \times 2 \times 3 \times 5$$
$$= 1 \times 2 \times 2 \times 2 \times 3 \times 5$$
$$= 1 \times 1 \times 1 \times 1 \times 2 \times 2 \times 2 \times 3 \times 5$$

这似乎是一个不必要的担心，但每次都要标记一个数的素数分解里有几个 1 的话，也是一件很糟糕的事情。

例 8.1

一些 6 相乘可以等于一些 12 相乘吗？

解：如果 a 个 6 相乘等于 b 个 12 相乘，即 $6^a = 12^b$，那么两边素数分解后我们得到 $2^a 3^a$ 和 $2^{2b} 3^b$，由此得出 $a = 2b$ 且 $a = b$（比较两边 2 和 3 的幂）。这样的自然数 a, b 是不存在的。

例 8.2

一个自然数 N 是 55 的倍数。那么在其素数分解中一定会出现素数 11 和 5 吗？

解：一定会出现！因为自然数 N 是 55 的倍数，我们知道存在自然数 k 使得 $N = 55k$。因此 $N = 5 \times 11 \times k$。现在我们把 k 也进行素数分解，我们就得到 N 的素数分解。其素数分解中确实包含 5 和 11。

例 8.3

一个自然数 N 既是 3 的倍数，也是 5 的倍数，那么它是否一定是 15 的倍数？

解：是的！因为是 3 的倍数，所以 N 的素数分解中一定有 3。同理 N 的素数分解中一定有 5。因而 N 的素数分解形如：$N = 3 \times 5 \times \cdots$。从而 N 一定是 15 的倍数。

注：我们实际上得到了判定一个数能被 15 整除的方法。

> **问题 8.4**
>
> 如何判定一个数能被 6 整除? 如何判定一个数能被 12 整除? ∎

> **问题 8.5**
>
> (a) 如果 N 是 55 的倍数,也是 21 的倍数,那么 N 一定是 $55 \times 21 = 1155$ 的倍数。为什么?
>
> (b) 如果 N 是 20 的倍数,也是 15 的倍数,试说明 N 不一定是 $20 \times 15 = 300$ 的倍数,但 N 一定是 $2 \cdot 3 \cdot 5 = 30$ 的倍数。为什么? ∎

例 8.4

(a) 900 有多少个因子?

(b) 如果 N 的素数分解为 $N = p_1^{\alpha_1} p_2^{\alpha_2} \cdots p_n^{\alpha_n}$,其中 $p_1, p_2, \cdots, p_n$ 是一些不同的素数,而 $\alpha_1, \alpha_2, \cdots, \alpha_n$ 为正整数。求 N 有多少个因子? ∎

解:

(a) 因为 $900 = 2^2 3^2 5^2$。900 的任何一个因子的形式一定是: $2^a 3^b 5^c$,其中 a, b 及 c 各自可以是 $0, 1$,或者 2。因此,总计有 $3 \times 3 \times 3 = 27$ 个不同的因子(乘法原理)。

(b) 同理, N 共有 $(\alpha_1 + 1)(\alpha_2 + 1) \cdots (\alpha_n + 1)$ 个不同的因子。

8.3 扩展练习

下面练习中涉及的数均为自然数。

1. (a) 把 2 700 表示为一些素数的乘积; 把 3 000 表示为一些素数的乘积。

   (b) 上述两个数的素数分解中,有多少素数是相同的,是哪些?

   (c) 求 $\mathrm{GCD}(2700, 3000)$,并将其分解为素数的乘积。

   (d) 在 $\mathrm{GCD}(2700, 3000)$ 的素数分解中是哪些素数,有多少素数?

2. 如果 $N = 2^5 \cdot 3^{10} \cdot 7 \cdot 11^3 \cdot 41^8$ 且 $M = 2^2 \cdot 3^5 \cdot 7^5 \cdot 13^2 \cdot 41$,那么它们最大公因子 $\mathrm{GCD}(N, M)$ 的素数分解是什么?

3. (a) 如果 $\mathrm{GCD}(N, M) = 1$,解释为什么 N 和 M 的素数分解中没有相同的素数;

   (b) 反之,如果 N 和 M 的素数分解中没有相同的素数,那么它们的最大公因子 $\mathrm{GCD}(N, M) = 1$ 吗?

4. 求 1 000 和 1 000 000 各自的素数分解。

5. 不用计算器求 1 296 开四次方。

6. (a) $N = 2^3 \cdot 5^2 \cdot 7^4 \cdot 11 \cdot 19^2$ 有多少因子？

   (b) N^2 有多少因子？

7. 如果 a 和 b 两数的素数分解中没有相同的素数，且 N 是 a 的倍数，也是 b 的倍数，那么 N 一定是 ab 的倍数。该命题对吗？为什么？

8. 我们说 M 是 a 和 b 的一个公倍数，是指 M 是 a 的一个倍数，同时也是 b 的一个倍数。我们称 M 是 a 和 b 的最小公倍数（Least Common Multiple，LCM），是指它是 a 和 b 所有公倍数中最小者。在这种情况下，我们记为 $M = \text{LCM}(a, b)$。比如 120 是 4 和 30 的一个公倍数，但不是最小公倍数。4 和 30 的最小公倍数 $\text{LCM}(4, 30) = 60$。

   (a) 求 18 和 22 的最小公倍数。

   (b) 两个不同素数的最小公倍数是什么？

   (c) 如果 a 和 b 两数的素数分解中没有相同的素数，$\text{LCM}(a, b) = ab$ 吗？为什么？

   (d) 写下 2 000，1 600 和 $\text{LCM}(2000, 1600)$ 各自的素数分解。你发现了什么？

   (e) 对任何两个数 N 和 M，证明

$$\text{LCM}(N, M) = \frac{NM}{\text{GCD}(N, M)}$$

9. 如果我们只考虑奇数：$1, 3, 5, 7, 9, \cdots$。所有奇数的集合对于乘法运算是封闭的。在奇数的世界里，我们称一个数是"o-合数"，如果它可以写成两个不同于 1 的奇数的乘积，比如 $33 = 3 \times 11$ 就是一个"o-合数"。我们称一个不是 1 的数为"o-素数"，如果它不是"o-合数"。（因此在这个定义中，1 既不是"o-合数"也不是"o-素数"。）

   (a) 在奇数的世界里，列出 3 到 13 的所有"o-素数"。

   (b) 在奇数的世界里，算术基本定理还成立吗？为什么？

10. 有一条大街，一边是公园地带，一边沿街有 60 栋房子。房子编号为 1～60。每栋房顶按编号顺序依次是 5 种颜色之一，其规律如下：第一栋房顶是黑色，第二栋房顶是灰色，第三栋房顶是白色，第四栋房顶是红色，第五栋房顶是棕色，第六个又是黑色房顶，如此循环一直到最后一栋房子。

   每栋房子的大门按编号顺序依次为 4 种颜色之一：绿，蓝，黄，红。第一栋房子的大门是红色，第二栋房子的大门是蓝色，第三栋房子的大门是黄色，第四栋房子的大门是红色，第五栋房子的大门是红色等等，依次一直到最后一栋房子。

   每栋房子临街一面，按编号顺序依次有 1 个、2 个及 3 个窗户，比如第一栋房子有 1 个窗户，第二栋房子有 2 个窗户，第三栋房子有 3 个窗户，第四栋房子又有 1 个窗户，等等，依此一直到最后一栋房子。

(a) 有无可能这条街有两栋房子，正好房顶的颜色相同，大门的颜色相同，临街一面窗户的个数也相同？为什么？

〔提示：如果有这样的两栋房子，那么它们的编号一定是 5 的倍数，也是 4 的倍数，也是 3 的倍数。〕

(b) 有没有一栋房子：房顶是棕色，大门是黄色，临街窗户为 2 个。为什么？

(c) 给定房顶颜色、大门颜色、窗户数量，这条街是否一定有一个房子满足这些给定条件？

(d) 在 1 到 60 中，有没有一个数除以 5 余 4，除以 4 余 2，除以 3 余 2？为什么？

(e) 有没有一个数除以 41 余 17，除以 27 余 10，除以 25 余 2，除以 97 余 1，除以 2 048 余 501？给出你的理由。

11. (a) 我们已经知道，在偶数斯坦国算术基本定理不成立。这意味着在这个国家中，素数的关键性质不成立。找到一个例子：一个偶数斯坦国的素数 p，及两个偶数 a 和 b，使得 $p \mid ab$，但是 p 既不整除 a 也不整除 b。

(b) 同样举例说明对

$$S = \{1, 4, 7, 10, 13, \cdots\}$$

如果仅限于 S 中的数，那么这里的 "S-素数" 的关键性质也不成立。

12. 令 $d(N)$ 为自然数 N 的因子个数，比如 $d(4) = 3$，因为 4 有 3 个因子 1，2 和 4。又比如 $d(12) = 6$，因为 12 有 6 个因子。

(a) 求 $d(100)$ 及 $d(1000)$。

(b) 假设 N 和 M 为两个自然数，且 $GCD(N, M) = 1$，则必有

$$d(N \times M) = d(N) \times d(M)$$

为什么？

(c) 举例说明 (b) 不一定成立，如果 N 和 M 有不等于 1 的公因子。

(d) 令 $\sigma(N)$ 是为自然数 N 的所有因子的和。比如 $\sigma(4) = 1 + 2 + 4 = 7$，$\sigma(12) = 1 + 2 + 3 + 4 + 6 + 12 = 28$。

证明：如果 $GCD(N, M) = 1$，那么 $\sigma(N \times M) = \sigma(N) \times \sigma(M)$。

13. 一个自然数 N 称为完全数，如果它全部因子的和等于 $2N$，即 $\sigma(N) = 2N$。比如 6 就是一个完全数，因为 $1 + 2 + 3 + 6 = 2 \times 6$。28 也是一个完全数，因为

$$1 + 2 + 4 + 7 + 14 = 28$$

(a) 假设 p 是一个素数，那么 $2^p - 1$ 也是一个素数。比如 3 和 5 就是这样的素数。证明：如果 $N = 2^{p-1}(2^p - 1)$，那么 N 是一个完全数（欧几里得最早注意到这个事实）。

(b) 8 128 是一个完全数。求素数 p，使得 $8128 = 2^{p-1}(2^p - 1)$。

(c) 欧拉（1707—1783）证明了每一个偶完全数 N 一定形如 $N = 2^{p-1}(2^p - 1)$。用这个事实证明：任何一个偶完全数一定是一个三角数。

注：目前没有人知道存不存在奇完全数。

14. 下面是一个 36 000 的因子树：

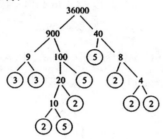

图 8.3

自己动手画一个 36 000 的不同的因子树。（后面的问题要用到！）

因子树有一些如下令人惊奇的不变量。

(a) 这个因子树共有 9 组数：

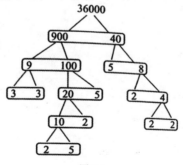

图 8.4

那么你画的因子数，一定也是 9 组数！为什么？

(b) 上面的数组中，有 4 组数，每组的两个数都是偶数。你画的因子树一定也有 4 组数，每组中的两个数都是偶数。为什么？

(c) 上面的数组中，有两组数，每组中的两个数都是 5 的倍数。你的画的因子数一定也有两组数，每组中的两个数都是 5 的倍数。为什么？

(d) 每组数中两个数的乘积正好是这组数上面的那个数。比如 $900 \times 400 = 36000$，及 $9 \times 100 = 900$。我们现在将每组数中的两个数都减去 1 之后再相乘，然后把这些乘积都加起来。上图对应的就是

$$899 \times 39 = 35061$$

$$8 \times 99 = 792, 1 \times 3 = 3$$

$$4 \times 7 = 28, 9 \times 1 = 9$$

$$2 \times 2 = 4, 1 \times 1 = 1$$

$$19 \times 4 = 76, 1 \times 4 = 4$$

$$总和 = 35978$$

现在使用你的因子树，做同样的乘法和加法。你得到同样的数吗？为什么？

15. 如果要求每组数里 3 个数，而不是 2 个数，也可以有对应的因子树。比如：

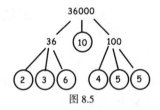

图 8.5

这类型的因子树也不是唯一的，思考下会有一些不变量吗？

奇偶性

9

本章导读

　　奇数和偶数是两个基本的概念。根据"奇数加奇数为偶数，偶数加奇数为奇数"等这些简单而平凡的性质却可以引发出很多有趣的游戏。本章提供了很多游戏或活动，它们都可以用奇偶性得到相应的求解。

　　我们知道可以把自然数分为奇数和偶数。我们说 8 是一个偶数，什么意思呢？这表示我们可以将 8 个小圆点，每两个分为一组，不会有遗漏的一个单独小圆点。

图 9.1a

　　同样的，如果把 9 个小圆点每两个为一组，这时就会出现剩下一个单独小圆点的情况，我们称 9 为一个奇数。

图 9.1b

9.1　整数奇偶性的定义及运算规律

　　如果我们定义一个整数的奇偶性如下：

定义 9.1

　　整数 N 是一个偶数，如果存在一个数 k，使得 $N = 2k$；整数 N 是一个奇数，如果存在一个数 k，使得 $N = 2k + 1$。

问题 9.1

　　用小圆点，或者其他几何图形，如何解释一个自然数的奇偶性？　　　　■

注：上述定义中，k 可以为什么样的数？如果我们允许 k 等于 0，那么 0 是奇数还是偶数？如果我们允许 k 为一个负整数，那么 −16 是奇数还是偶数？ −23 呢？如果允许 k 为分数，我们可以证明每个自然数都是偶数。我们不希望这样，所以我们不允许 k 为分数。

　　因此，人们定义一个数的奇偶性如下：

定义 9.2

　　如果存在一个整数 k，使得 $N = 2k$，我们称 N 为一个偶数；如果存在一个整数 k 使得 $N = 2k + 1$，我们称 N 为一个奇数。

问题 9.2

　　如果 N 是一个奇数，那么一定有某个整数 k，使得 $N = 2k - 1$。这个结论对么？为什么？　　　　■

从把小圆点每两个分成一组的模型中，我们容易看出两个偶数的和还是偶数：能正好两两分成一组的一堆小圆点和另一堆也正好能两两分一组的小圆点合在一起，还是能够每两个分成一组，而不会剩下任何小圆点。即：

$$\text{偶数} + \text{偶数} = \text{偶数}$$

一个严格的证明如下。

如果 $N = 2k$ 且 $M = 2m$ 为两个偶数，那么 $N + M = 2(k + m)$，根据定义也是一个偶数。

根据定义，也不难证明下面的事实：

$$\text{偶数} + \text{奇数} = \text{奇数}$$
$$\text{奇数} + \text{偶数} = \text{奇数}$$
$$\text{奇数} + \text{奇数} = \text{偶数}$$

下面这些结论也是正确的!(确定你能"看出"其中缘由)

$$偶数 - 偶数 = 偶数$$
$$偶数 - 奇数 = 奇数$$
$$奇数 - 偶数 = 奇数$$
$$奇数 - 奇数 = 偶数$$

问题 9.3

下面式子的计算结果是奇数还是偶数?为什么?

$$偶数 + 偶数 + 奇数 - 偶数 + 奇数 + 奇数 - 偶数$$ ∎

一般的,我们有:

奇数个奇数的和一定是奇数;任意个偶数的和一定是偶数。

这些看似简单的结论却非常有用!

活动:加减法游戏

拉什和特雷玩一个游戏。有 7 个数排成一排,每两个数之间有一个空格:

90 7 17 8 3 5 23

拉什和特雷依次在空格处填入加号"+"或者减号"-",直到 6 个空格全部填满。然后他们计算整个式子的和。如果和为奇数拉什赢,如果和为偶数则特雷赢。

为什么拉什一定会赢?即使拉什不上场,全部由特雷来填加号"+"或者减号"-",还是拉什赢,为什么?

问题 9.4

53 760 可能是某 50 个连续整数的和吗? ∎

问题 9.5

如果用分币(一个面值 1 分),角币(一个面值 10 分币),和 25 分币(一个面值为 25 分)三种硬币,如何用 15 个这三种硬币兑换一个 1 元(1 元 = 100 分)? ∎

例 9.1

　　一个房间里有奇数个人，他们之间相互握手。有没有可能每个人都握了奇数次手？　　　　　　　　　　　　　　　　　　　　　　　　　　　　　　　　■

解： 令 N 表示总的握手次数，最开始 $N = 0$。每次握手涉及两个人，因此每次握手后，总数 N 都是增加 2。所以总数一定是偶数。有奇数人，每个人握手的次数都是奇数，那么总和就是奇数个奇数的和，不可能是偶数。所以这种情况不可能。

注： 可以让比如 3，5，7 个人试试这个活动。不限制握手次数，也不限制握手对象。验证上述结果。

活动：翻杯子

(a) 13 个杯子最开始都是倒立着放在桌上。然后每次翻转 2 个杯子（不多，也不少，每次翻转正好 2 个）。有无可能某次翻转后，所有的杯子都是正立在桌上呢？（活动的过程中，有可能一个杯子被翻转几次。）

(b) 如果一开始是 12 个杯子倒立在桌上，每次翻转 2 个杯子，若干次后，能使得所有的杯子都朝上吗？

(c) 如果一开始是 14 个杯子倒立在桌上，每次翻转 4 个杯子，若干次后，能使得所有的杯子都朝上吗？

(d) 如果一开始是 15 个杯子倒立在桌上，每次翻转 4 个杯子，若干次后，能使得所有的杯子都朝上吗？

注： 这是一个很有趣的活动，也可以把杯子换成普通的扑克牌，更容易操作。

活动：圆和正方形游戏

　　图 9.2 上有一些圆或者正方形的图形：

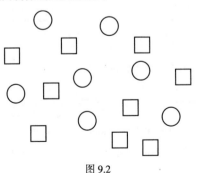

图 9.2

狄丝和本两人一起玩以下游戏：他们轮流擦掉任意两个图形，再画上一个新的图形，规则为：

擦除的两个图形是相同的 → 画上一个正方形；

擦除的两个图形是不相同的 → 画上一个圆。

这样，每次图形的数量都在减少，玩几次以后就只剩下一个图形了。如果最后剩下的图形是圆，那么狄丝赢。如果最后剩下的图形是正方形，则本赢。

玩一下这个游戏，谁赢了？再玩几下，看看谁赢了，有什么规律吗？

活动：**精灵与巫师**

10 个小精灵和 1 个巫师玩一个"生死游戏"。巫师让小精灵站成一列。在队列中，每个精灵既看不到自己的帽子，也看不到自己后方的精灵的帽子，但能看到队列中自己前面所有精灵头顶上的帽子。帽子只有黑白两色，但不知道黑色和白色的帽子各有多少。

从队列的最后一个精灵开始（这个精灵能看到它前面的 9 个帽子），巫师逐个询问每个精灵它们自己头上帽子的颜色。如果精灵答对了，它就活下来，否则立刻处死。

在这个"生死游戏"的过程中，精灵们不可交头接耳，互相交流。但能听到它后面的精灵回答的是"白色"或者"黑色"，以及由此导致的后果："惊恐的尖叫"或者"如释重负的长叹"。除此之外，无任何其他信息。

在开始"生死游戏"之前，精灵们可否商量一个策略，使得尽可能多的精灵活下来？

注：队列中最后的那个精灵，就是最先回答巫师问题的那个精灵，是毫无办法的。没有任何策略能使它一定获救。但倒数第二个呢？每间隔一个呢？有无办法让超过一半的精灵活下来？实际上，有一个策略能让剩下的 个精灵都活下来，找到这个策略！

找到这个策略，并且找一组人来练习一下。可以用黑白颜色的纸牌代替帽子。每个人可将纸牌举过头顶，使得队列中每个人能看到自己前方的纸牌，但看不到自己及后面的纸牌。

活动：**格点路径**

考虑一个 5×5 的正方形方格。从最左上角开始，通过水平和垂直的路线，我们可以经过图中每一个小方格正好一次：

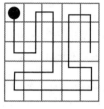

图 9.3a

　　我们把这种路线称为一个路径：即从某个小方格开始，只通过水平和垂直的路线，经过正方形方格中的每一个小格子正好一次。

　　从正方形中的任意一个小方格开始都能得到一条路径吗？试一试！

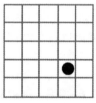
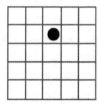

图 9.3b　　　　　　　　　图 9.3c　　　　　　　　　图 9.3d

(a) 在这个 5×5 的正方形方格中，哪些小方格是"好的"起点（有路径的），哪些是"不好的"（没有路径的）？有何规律吗？

(b) 试用奇偶性来证明，上图中的第三个，从图中所示的点开始，不可能存在一条路径。

(c) 考虑一个 4×4 正方形方格，哪些小方格是"好的"，哪些是"不好的"？一个 5×6 的正方形方格呢？13×27 的呢？

(d) 如果是一个 5×5 的方格，但把中心的小方格去掉：

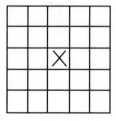

图 9.3e

是不是剩下的 24 个小方格都是"好的"呢？如果去掉的不是中心的小方格，而是其他某个小方格呢？

9.2 扩展练习

1. 13 个偶数及 26 个奇数的和是奇数还是偶数？

2. $1 + 2 + 3 + \cdots + 49 + 50$ 是奇数还是偶数？

3. 莎莉注意到她的教科书有 20 页破损了，于是告诉保罗说她的书有些页面破损了。保罗看都没看，就说破损的页数肯定是偶数。保罗说得对吗？

4. 连续 1 000 个整数的和是奇数还是偶数？或者取决于是哪 1 000 个数？

5. 有没有可能把 150 个质量分别为 1 g，2 g，一直到 150 g 的小球，分成质量相等的两堆？

6. 用"乘法就是多次的加法"解释下面结论的正确性：

$$偶数 \times 偶数 = 偶数$$

$$奇数 \times 偶数 = 偶数$$

$$偶数 \times 奇数 = 偶数$$

$$奇数 \times 奇数 = 奇数$$

7. 在"奇数尼亚"这个国家，只有 3 分和 5 分的硬币。

    (a) 有没有可能用正好 31 枚硬币得到一元（100 分）的币值？

    (b) 列出所有的 N，使得只用 3 分和 5 分的硬币无法买到价值为 N 分的商品。比如：不可能用硬币买到价值为 1 分的商品（因为没有零钱可换）。同样，2 分的商品也不行，7 分的商品也不行。

8. 如果 n^{37} 是偶数，那么 n 必是偶数。为什么？

9. 把 11 个小圆点作圆形排列（不一定是绝对的圆），相邻的点由线段相连：

图 9.4a

然后，在图 9.4a 的内部加一些小圆点，并且画这样一些三角形：每个三角形的三个顶点都是小圆点，但三角形的边上没有小圆点。下图就是一个满足条件的图形：

图 9.4b

这个图中有 27 个（奇数个）三角形。

(a) 还是最上面的图，圆周上有 11 个点。在圆内部作一些点，使得可构成偶数个三角形；

(b) 如果圆周上是 10 个点，有没有可能在圆内画一些点，然后得到奇数个三角形？为什么？

10. 一个单人游戏。图 9.5 上是一些正方形、圆和三角形：

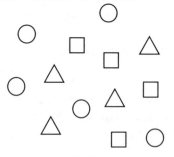

图 9.5

游戏规则：每次擦除两个不同形状的图形，画上一个第三种图形。比如，你擦除了一个三角形和一个正方形，那么你必须画上一个圆。如果最后剩下的一个图形是正方形，则为赢家。这个游戏能赢吗？为什么？

11. (a) 一只蚂蚱在一条线上开始随机地向左或者向右跳。每次跳动 1 英寸[1]。经过 105 次向左跳和 106 次向右跳（次序随机）后，有没有可能这只蚂蚱回到了它原始的位置？

(b) 如果这只蚂蚱第一次跳动 1 英寸，第二次跳动 2 英寸，第三次跳动 3 英寸，依次类推。有没有可能左右随机跳动共 50 次后回到它原始的位置？

(c) 如果这只蚂蚱第一次跳动 2 英寸，第二次跳动 4 英寸，第三次跳动 6 英寸，依次类推。有无可能左右随机跳动共 250 次后回到它原始的位置？

---

[1] 长度的英制单位，1 英寸 = 25.4 毫米。非法定单位。　　　　　　——译者注

12. "魔方"具有以下性质：每行、每列、每个主对角线的和都相同。图 9.6 是一个经典的 3×3 魔方。每行、每列、每个主对角线的和都是 15。（这个魔方正好每个数字都不一样，但一般不作要求，可以有重复的数。）

图 9.6

注意到上面这个魔方中有 4 个偶数。

(a) 一个 3×3 的魔方中不可能只有一个偶数。为什么？

(b) 一个 3×3 的魔方中不可能恰有两个偶数。为什么？

(c) 找到一个 3×3 的魔方，恰有三个偶数。

13. 随机选择三个自然数。

(a) 证明三个数中一定有两个数之和为偶数；

(b) 三个数中一定有两个数之和是奇数吗？

14. 16 枚硬币，有些面朝上（H），有些面朝下（T），摆放成下面的图形：

图 9.7

每次可翻转一整行，或者一整列的硬币。可以得到除了右上角的硬币面朝上以外，其余硬币全部面朝下吗？

15. 某学校的一个舞蹈班有 25 个学生在跳华尔兹双人舞。有没有可能 25 个学生中，有 10 个学生正好跳了 4 曲，有 11 个学生正好跳了 5 曲，有 4 个学生正好跳了 6 曲？

16. 某县交通部门的记录显示，该县共有 160 条道路连接县内各镇。已知每个镇有三条路相通，每条路只连接两个镇，问交通部门的记录准确吗？

17. (a) 在一所"偶数大学"里有多个委员会，每个委员会有偶数个成员。约翰是这所大学的一个职员，他是三个委员会的成员。那么，肯定有另外一个职员，他（她）是奇数个委员会的成员。为什么？

(b) 是否至少还有另外两位职员，他们都是奇数个委员会的成员？

18. 有史以来，到此刻为止，活着或者已经去世的人们，曾经和人握过奇数次手的人数一定是偶数。这个结论是肯定正确的！为什么？

19. （经典棋盘问题中的奇偶性）一个 8×8 的棋盘有 32 个黑色格子，32 个白色格子。我们可以用 32 个多米诺骨牌填充整个棋盘。比如图 9.8a：

图 9.8a

(a) 如图 9.8b 所示，两个邻角被切除了：

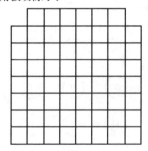

图 9.8b

证明还是可以用 31 个多米诺骨牌（每个填充 2 个格子）填充剩下的 62 个格子。

(b) 如图 9.8c 所示，如果两个对角被切除了：

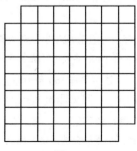

图 9.8c

现在用 31 个多米诺骨牌（每个填充 2 个格子）不可能填充剩下的 62 个格子了！为什么？

(c) 如果把图 9.8d 中标记的 4 个格子去除。剩下的 60 个格子能用 30 个多米诺骨牌来填充吗？为什么？

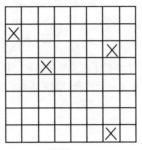

图 9.8d

20. 24 个人站在一个 4×6 的正方形格子中，每个人站在一个小格子里。哨声响起时，他们向水平或者垂直方向（从上面看）移动一格。他们的目标是得到一个新的排列方式。图 9.9a 显示这样的操作是可行的。

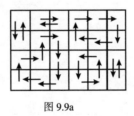

图 9.9a

(a) 下图有一个新的格子，也有 24 个小格子。24 个人事先站在每个小格子中，哨声响起，移动规则同上，他们能做到吗？如果可以，用箭头在下图标记出来；如果不行，为什么？

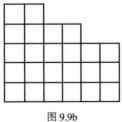

图 9.9b

(b) 格子形状再变一下，如图图 9.9c 所示：

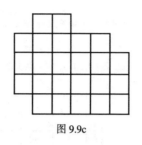

图 9.9c

24 个人事先站在每个小格子中，哨声响起，移动规则同上，他们能做到吗？如果可以，用箭头在图上标记出来；如果不行，为什么？

整除

10

本章导读

　　一个整数能被另外一个整数整除，意味这个除法中余数为 0。如果不能整除，就会得到一个小数。判断一个整数能否被 2，3，5，9，10 整除是经典教科书的内容。本章也探讨了整数被 11，17，37，101 等数整除的规则，并提出多种方法去"发明"一些新的整除规则。

一个数除以 97 或者其他类似的量

问题 10.1

　　快答! $602 \div 97$ 等于多少？　　　　　　　　　　　　　　　　　　　　　　　　■

答：因为 602 和 600 差不多，97 和 100 差不多，而 $600 \div 100 = 6$。所以 $602 \div 97$ 应该约等于 6。这是个比较好的估算，但真实值和这个估算差多少呢？

　　图 10.1 上有 602 个点，图中显示每组为 100 个点，每组和 97 相差 3，另外还有 2 个额外的点。

　　因此 $602 \div 97$ 商为 6，加上一个余数。余数是 6 组 3 个点，再加上额外的 2 个点，所以共有 20 点。于是我们有：

$$602 \div 97 = 6\frac{20}{97}$$

这个数值比 6.2 略多一点点。

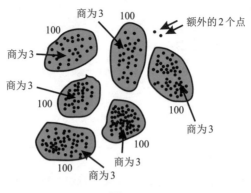

图 10.1

类似地，我们可以得到：718÷99 商为 7，余数为 $7 \times 1 + 18 = 25$。所以，

$$\frac{718}{99} = 7\frac{25}{99} \approx 7.25$$

以及 $4142 \div 996$ 商为 4，余数为 $4 \times 4 + 142 = 158$。因此

$$\frac{4142}{996} = 4\frac{158}{996} \approx 4.16$$

又比如 $1378 \div 98$ 商为 13，余数为 $26 + 78 = 104$。所以

$$1378 \div 98 = 14\frac{6}{98}$$

问题 10.2

在图 10.1 中，可以看出 $602 \div 103$ 商为 6，余数为一个负数，-16。因此

$$602 \div 103 = 6\frac{-16}{103}$$

这个分数化为小数的话，大约等于多少？

$598 \div 103$ 呢？ ∎

注：多数学校会教学生这样书写除法。比如 29 除以 8 商 3 余 5，写为：$29 \div 8 = 3$ 余 5。所以 $32 \div 9 = 3$ 余 5 就表示：32 除以 9，商为 3 余 5。酷！看起来好像我们"证明了" $29 \div 8 = 32 \div 9$。你觉得呢？

问题 10.3

计算一个数除以 5 时，我们有一个好办法：乘以 2 再除以 10！如此的话，如果注意到 95 是 19 的倍数，是不是就有价值了呢？比如，我们估算 $\frac{70}{19}$ 时，我们可以不直接估算 $\frac{70}{19}$，而是去估算 $\frac{350}{95}$，从而容易看出 $\frac{350}{95} = 3\frac{65}{95}$，所以它的值就应该比 3.65 略大一点。

同理，如果我们知道 94 是 47 的倍数，或者 102 是 17 的倍数，等等，对我们的估算有帮助吗？ ∎

一些整除规则

一个整数 N 能被另一个整数 k 整除是指 $N \div k$ 的余数为 0。

如何判断一个整数能否被 k 整除，对于某些特殊的 k，你可能已经知道下面的一些判别方法了。

被 2 整除：一个整数能被 2 整除，当且仅当这个数的末位数字为 0, 2, 4, 6 或 8。

被 5 整除：一个整数能被 5 整除，当且仅当这个数的末位数字是 0 或者 5。

被 10 整除：一个整数能被 10 整除，当且仅当这个数的末位数字是 0。

被 1 整除：所有整数都能被 1 整除。

被 4 整除：一个整数能被 4 整除，当且仅当这个数的末两位数是 4 的倍数。

被 8 整除：一个整数能被 8 整除，当且仅当这个数的末三位数是 8 的倍数。

被 16 整除：一个整数能被 16 整除，当且仅当这个数的末四位数是 16 的倍数。

能被 32、64 以及 128 整除的整数各自有什么特点呢？ ∎

被 3 整除：一个整数能被 3 整除，当且仅当这个数的各位数字之和是 3 的倍数。

被 9 整除：一个整数能被 9 整除，当且仅当这个数的各位数字之和是 9 的倍数。

被 11 整除：一个整数能被 11 整除，当且仅当这个数的各位数字之"交错和"是 11 的倍数。"交错和"是指从左往右，每相邻的两个数位之间依次交错取"减-加"所得的和。比如 81 709 364 的交错和为：$8 - 1 + 7 - 0 + 9 - 3 + 6 - 4 = 22$，是 11 的倍数。所以 81 709 364 肯定也是 11 的倍数！

下面一些整除规则，也许没有那么常见。

被 7 整除：对一个整数 N，去掉其末位，用剩下的数减去原数末位数的 2 倍得到一个新的数。原数能被 7 整除，当且仅当新的数能被 7 整除。比如，我们检测 68 978 是否能被 7 整除。去掉末位 8 后是 6897，用 6897 减去 8 × 2，我们得到 6897 – 16 = 6881。所以我们需要检验 6881 是否能被 7 整除（这比原数小多了！）。同理，我们可以继续这个操作：

$$6881 \to 688 - 2 = 686$$

再做一次

$$686 \to 68 - 12 = 56$$

最后得到的数是 56，能被 7 整除，所以我们可以知道原数 68 978 也能被 7 整除！

被 13 整除：对一个整数 N，去掉其末位，用剩下的数减去原数末位数的 9 倍得到一个新的数。原数能被 13 整除当且仅当新的数能被 13 整除。或者，去掉其末位，用剩下的数加上原数末位数的 4 倍等到一个新的数。原数能被 13 整除当且仅当新的数能被 13 整除。

被 17 整除：类似地，不过这次减掉的是末位数的 5 倍，或者加上的是末位数的 12 倍。

被 23 整除：类似地，不过这次加上的是末位数的 7 倍。

被 37 整除：类似地，不过这次减掉的是末位数的 11 倍。

被 101 整除：类似地，不过这次减掉的是末位数的 10 倍。

整除的规则可能会很诡异！

我们再来看一个被 11 和 37 整除的规则。

被 11 整除：把要考虑的整数 N，从右到左，两个数字分为一组，均看作一个两位数（如果是奇数个数位，那么首位那个数字可以前面填 0）。原数能被 11 整除，当且仅当这些两位数的和能被 11 整除。比如，对于 876 535，我们计算 87 + 65 + 35 = 187。对于 187，我们考虑成 0 187，再计算 01 + 87 = 88。因为 88 是 11 的倍数，所以我们就知道 187，及 876 535 都是 11 的倍数。

被 37 整除：对一个整数 N，去掉其首位，把它加到剩下数字的从左到右的第三位得到一个新的数。原数能被 37 整除，当且仅当新的数能被 37 整除。比如，对于 4 579 638，去掉其首位，加到从左到右的第三位，重复这个操作：

```
    5 7 9 6 3 8
  +       4
  ─────────────
    5 8 3 6 3 8
```

重复:

```
    8 3 6 3 8
  +     5
  ─────────
    8 4 1 3 8
```

```
      4 1 3 8
  +     8
  ─────────
      4 2 1 8
```

```
        2 1 8
  +       4
  ─────────
        2 2 2
```

因为 222 是 37 的倍数 (6 × 37),所以我们知道 4 579 638 肯定也是 37 的倍数!
能解释这是为什么吗?

可以先思考下再继续往下阅读 ⟶

发明一些整除规则

目前笔者只有 4 种方法可以推导和发现一些整除规则。

1. 每个整数都是 10 的倍数（100 的倍数，1000 的倍数，……）再加上一个"东西"

所有整数都可以写为以下形式：

$$10N + b$$

即 10 的倍数加上一个数字的形式，比如：$836 = 83 \times 10 + 6$，$5430 = 543 \times 10 + 0$ 等。注意到

$$\frac{10N + b}{2} = 5N + \frac{b}{2}$$

$$\frac{10N + b}{5} = 2N + \frac{b}{5}$$

$$\frac{10N + b}{10} = N + \frac{b}{10}$$

我们知道 $b/2$ 是个整数，当且仅当 $b = 0, 2, 4, 6$ 或者 8，所以这解释了能被 2 整除的规则。同样 $b/5$ 是个整数，当且仅当 $b = 0$ 或 5；$b/10$ 是个整数，当且仅当 $b = 0$。这就解释了能被 5 和 10 整除的规则。

同样，任何一个整数也可以写成下面的形式：

$$100N + \underline{ab}$$

就是说写成 100 的一个倍数加上一个两位数的形式。比如：$836 = 8 \times 100 + 36$，$7 = 0 \times 100 + 7$ 等。注意到

$$\frac{100N + \underline{ab}}{4} = 25N + \frac{\underline{ab}}{4}$$

这就解释了被 4 整除的规则。

问题 10.5

由于 10 是 2 的倍数，所以 $1000 = 10 \times 10 \times 10$ 是 $2 \times 2 \times 2 = 8$ 的倍数。由此解释被 8 整除的规则。一般地，10^n 是 2^n 的倍数，可否由此得到被 2^n 整除的规则？　　　　■

问题 10.6

一个数是能被 25 整除，当且仅当它的末两位数是 25 的倍数，即末两位是：$00, 25, 50$ 或者 75。为什么？　　　　■

2. 10 的任何正整数幂除以 9 或者 11，余数有规律

注意到

$$1 = 0 + 1$$
$$10 = 9 + 1$$
$$1000 = 999 + 1$$
$$10000 = 9999 + 1$$

10 的每个幂都是 9 的某个倍数加 1。比如说 1000，除以 9 的余数为 1。所以，2000 = 1000 + 1000 除以 9 的余数为 1 + 1 = 2，4000 = 1000 + 1000 + 1000 + 1000 除以 9 的余数为 1 + 1 + 1 + 1 = 4，9000 = 9 × 1000 除以 9 的余数为 9（等价于余数为 0）。同样地，500 除以 9 的余数为 1 + 1 + 1 + 1 + 1 = 5，70 000 000 000 除以 9 的余数为 7。

这样我们推导被 9 整除的规则。比如一个数 3 627 314，它可以写成

$$3000000 + 600000 + 20000 + 7000 + 300 + 10 + 4$$

于是，它除以 9 余数为 3 + 6 + 2 + 7 + 3 + 1 + 4 = 26。同样，26 除以 9 的余数为其各位数字和 2 + 6 = 8。

所以我们就得到一个很有用的如下结论。

> **定理 10.1 被 9 整除的规则**
>
> 一个整数能被 9 整除，当且仅当它的各位数字之和是 9 的倍数。

> **问题 10.7**
>
> 如何判定一个 7 进制的数是否能被 6 整除？∎

根据这个定理，1 229 354 827 除以 9 的余数就等于 1 + 2 + 2 + 9 + 3 + 4 + 5 + 8 + 2 + 7 = 43，而 4 + 3 = 7，所以 1 229 354 827 不能被 9 整除。

消 9 法　将一个数各位数字相加得到的这个数除以 9 的余数，这个过程可简化。比如我们忽略掉数字中的 9，因为它对除以 9 的余数没有帮助！同样我们也可以去掉和为 9 的数字，比如 1 和 8，2 和 7，5 和 4 等。剩下的数字的和仍然是原数除以 9 的余数。比如：

$$\not{1}22\,\not{9}3\,\not{4}\,\not{5}\,8\,\not{2}\,\not{7} = 2 + 2 + 3 = 7$$

问题 10.8

用"消 9 法"验证 4 504 673 542 除以 9 的余数为 4。　■

"消 9 法"可用于检查一些算术运算是否正确。比如，$547 \times 128 = 387206$ 肯定是错的。因为一个除以 9 余 7 的数乘以一个除以 9 余 2 的，不会等于一个除以 9 余 8 的数。（因为前者除以 9 的余数为 $7 \times 2 = 14$，即余数为 5，不是 8。）

问题 10.9

快速检查下面运算是否正确！

$$5478+$$
$$461+$$
$$1091+$$
$$2727+$$
$$6301$$
$$=158358$$

　■

当然，一个错误的计算也可能导致最后余数相同，这时"消 9 法"是检查不出其错误的，是失效的。（"消 9 法"失效的概率有多大呢？）

问题 10.10

下面式子的计算正确吗？

$$8413 \times 259 \times 6547 = 14175696949$$

　■

在过去的几个世纪里，财务会计们用"消 9 法"来检查账务，大多数的计算错误被发现了。

问题 10.11

如果整数 N 除以 9 的余数为 r_1，整数 M 除以 9 的余数为 r_2，那么 $N + M$ 除以 9 的余数一定是 $r_1 + r_2$ 吗？

$N \times M$ 的余数一定是 $r_1 \times r_2$ 吗？"消 9 法"假定这两个结论是成立的。　■

问题 10.12

$$1 = 0 + 1$$
$$10 = 9 + 1$$
$$100 = 99 + 1$$
$$1000 = 999 + 1$$
$$10000 = 9999 + 1$$
$$\cdots\cdots$$

也显示了任何一个 10 的倍数也是 3 的某个倍数加 1。用此事实解释被 3 整除的规则。∎

任何 10 的幂除以 11 的余数也很好处理。因为 10 是比 11 少 1，所以 10 除以 11 余数为 -1。于是 $100 = 10^2$ 除以 11 余数为 $(-1)^2 = 1$（确实 $100 = 9 \times 11 + 1$），$1000 = 10^3$ 除以 11 余数为 $(-1)^3 = -1(1001 = 91 \times 11)$，$10000 = 10^4$ 除以 11 的余数为 $(-1)^4 = 1$，等等。

所以，对于 $83\,546$，我们可以写为

$$8 \times 10^4 + 3 \times 10^3 + 5 \times 10^2 + 4 \times 10 + 6$$

所以除以 11 的余数为

$$8 \times (-1)^4 + 3 \times (-1)^3 + 5 \times (-1)^2 + 4 \times (-1) + 6$$
$$= 8 - 3 + 5 - 4 + 6$$

以上讨论表明：

> 一个正整数除以 11 的余数和这个数各位数字的"交错和"除以 11 的余数是一样的。"交错和"的定义见前文。

从而有：

> 一个正整数能被 11 整除，当且仅当其各位数字的交错和是 11 的倍数。

问题 10.13

一个 12 进制的整数被十进制的 13 整除的规则是什么呢？　　　　　　　　■

问题 10.14

一个正整数除以 7 的余数等于其各位数字乘以一个相应的 3 的幂之和除以 7 的余数。举例如下：2 154 除以 7 的余数等于

$$2 \times 3^3 + 1 \times 3^2 + 5 \times 3^1 + 4 \times 3^0 = 82$$

除以 7 的余数，也等于

$$8 \times 3 + 2 \times 1 = 26$$

除以 7 余数

$$2 \times 3 + 6 \times 1 = 12$$

即

$$1 \times 3 + 2 \times 1 = 5$$

这是为什么？类似地，可否得到十进制里一个整数被 13 整除的规则是什么？

　　　　　　　　■

同样，我们也可以利用 100 的幂。每个整数都可以写成一些 100 的幂之和，比如：

$$5672910 = 5 \times 100^3 + 67 \times 100^2 + 29 \times 100 + 10 \times 1$$

而 100 是比 11 的一个倍数多 1，所以我们有：

把一个整数从右到左每两个数字分组（首位数之前可补 0），那么这个整数除以 11 的余数和这些两位数之和除以 11 的余数相等。

比如，5 672 910 除以 11 的余数等于 05 + 67 + 29 + 10 = 111 除以 11 的余数，进一步也等于 01 + 11 = 12 除以 11 的余数，显然这个余数为 1。

3. 寻找与 10 的倍数相差 1 的那些数

我们再把一个正整数写为

$$10N + b$$

的形式。现在我们考虑被 7 整除的情况。因为 21 是 7 的倍数，所以如果 $\dfrac{10N + b}{7}$ 是一个整数，当且仅当 $\dfrac{10N + b - 21b}{7}$ 是一个整数。而

$$\frac{10N + b - 21b}{7} = \frac{10(N - 2b)}{7}$$

又因为 7 是一个素数，10 不会被 7 整除，所以 $\dfrac{10(N - 2b)}{7}$ 是一个整数当且仅当 $N - 2b$ 是 7 的倍数。

所以我们得到了：

> $10N + b$ 是 7 的倍数当且仅当 $N - 2b$ 是 7 的倍数。

$N - 2b$ 是什么呢？它正是原数 $10N + b$ 去掉末位数后减去末位数的 2 倍！这就是我们最开始叙述的被 7 整除的规则！

注意到 $\dfrac{10N + b}{13}$ 是一个整数，当且仅当

$$\frac{10N + b + 39b}{13} = \frac{10(N + 4b)}{13}$$

是一个整数。而 $\dfrac{10N + b}{17}$ 是一个整数，当且仅当

$$\frac{10N + b - 51b}{17} = \frac{10(N - 5b)}{17}$$

是一个整数。$\dfrac{10N + b}{37}$ 是一个整数，当且仅当

$$\frac{10N + b - 11b}{37} = \frac{10(N - 11b)}{37}$$

是一个整数等等。

现在你也可以推导和发现很多整除规则了！

问题 10.15

上述方法得到的整除规则是否只适用于素数？　　　　　　　　■

注：上述的推导的确用到了素数的关键性质：如果 $M \times N$ 是一个素数的倍数，那么如果一个数不是这个素数的倍数，另一个数肯定是。很多人可能觉得这是很"显然"的，但数学家不这样认为。我们之前已知道欧几里得第一个证明了素数的这个性质。

问题 10.16

发明另一个被 11 整除的规则, 这次涉及把原数的末位数去掉。 ∎

问题 10.17

一个正整数能被 9 整除, 当且仅当丢掉该数的末位数字去掉后的数再加上这个去掉的末位数字得到的新的数能被 9 整数。这是为什么? ∎

4. 利用 99, 999, 9999, ⋯ 及 101, 1001, 10001, ⋯ 的因子

因为 111 是 37 的倍数, 所以 999 也是 37 的倍数。我们由此发现 1 000 比 37 一个倍数多 1。现在考虑一个四位数, 或者四位以上的数, 首位为 b。这样的数可以写成如下形式:

$$b \times (10 \text{ 的某个幂}) \times 1000 + N$$

这里的 N 就是原数去掉首位数剩下的数。比如 654 274 可以写成 $654274 = 6 \times 10^2 \times 1000 + 54274$ 的形式。但是 $b \times 10$ 的某个幂 $\times 999$ 是 37 的倍数, 所以从原数中减去它不会影响原数除以 37 的余数。所以

$$b \times (10 \text{ 的某个幂}) \times 1000 + N$$

是 37 的倍数, 当且仅当

$$b \times (10 \text{ 的某个幂}) \times 1000 + N - b \times (10 \text{ 的某个幂}) \times 999$$

是 37 的倍数。也当且仅当

$$N + b \times (10 \text{ 的某个幂})$$

是 37 的倍数。

$N + b \times (10 \text{ 的某个幂})$ 这个数是什么? 它正好是原数去掉首位数字剩下的数, 再加上把去掉的首位数加到从左往右数的第三位。

比如 $654274 = 6 \times 10^2 \times 1000 + 54274$ 是 37 的倍数, 当且仅当 $6 \times 10^2 + 54274 = 54874$ 是 37 的倍数!

这就解释了前面我们提到的被 37 整除的规则!

问题 10.18

如要检查一个整数是否能被 11 整除，我们可以去掉它的首位数，把这个首位加到剩下的数从左往右数的第二位上得到一个新的数。原数是 11 的倍数当且仅当新的数是 11 的倍数。比如：对于 241801，

$$
\begin{array}{r}
41801 \\
+\ 2 \\
\hline
43801
\end{array}
$$

$$
\begin{array}{r}
3801 \\
+\ 4 \\
\hline
4201
\end{array}
$$

$$
\begin{array}{r}
201 \\
+\ 4 \\
\hline
241
\end{array}
$$

$$
\begin{array}{r}
41 \\
+\ 2 \\
\hline
43
\end{array}
$$

不是 11 的倍数

为什么这个规则可行？　　∎

因为 $9999 = 9 \times 11 \times 101$，$99999 = 9 \times 41 \times 271$，我们可以用类似的方法去得到被 11，41，101，271，99，909，369 等整除的规则：去掉原数首位数字，将首位数字减到剩下数的某个合适位置。

问题 10.19

一个数是 7 的倍数（或 11，或 13，或 77，或 91），如果去掉原数的首位数，然后在剩下的数从左往右的第三位减掉这个首位数得到一个新的数。原数是 7（或 11，或 13，或 77，或 91）的倍数当且仅当新的数是 7（或 11，或 13，或 77，或 91）的倍数。

为什么这些整除规则是成立的？［提示：1001 的因子有哪些？］

类似地，推导被 73，被 137 整除的各自的规则。　　∎

问题 10.20

目前为止，我们知道了哪些被 11 整除的规则？　　∎

问题 10.21

在前面第 6 章我们知道了一个关于除以 9 的一个酷技巧。现在我们从另一个角度来解释它。因为除以 9 相当于是乘以 0.1111⋯ (1/9)，下面的图 10.2 是否可以解释这个酷技巧？

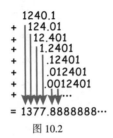

$$12401 \times 0.11111\cdots$$

$$
\begin{array}{l}
1240.1 \\
+ \quad 124.01 \\
+ \quad\ \ 12.401 \\
+ \quad\ \ \ 1.2401 \\
+ \quad\ \ \ \ .12401 \\
+ \quad\ \ \ \ .012401 \\
+ \quad\ \ \ \ .0012401 \\
+ \quad\ \ \ \ \cdots \\
= 1377.8888888\cdots
\end{array}
$$

图 10.2

（注：$0.888\cdots = \dfrac{8}{9}$。）   ∎

研究

证明每一个正整数都可以写成一些 $\dfrac{3}{2}$ 幂的和，每一项的系数为 0、1 和 2（这个表示是唯一的，称为 3/2-进制）。比如，20 的 3/2-进制是 "21202"，因为

$$20 = 2 \times (3/2)^4 + 1 \times (3/2)^3 + 2 \times (3/2)^2 + 0 \times (3/2) + 2 \times 1$$

探索 3/2-进制数的整除规则。（比如，怎么知道一个写成 3/2-进制的数是否能被 2、3 或 7 整除？）

本章导读

　　自然数的幂和是一个经典的问题。从欧拉时代至今引发了很多影响深远的数学研究，比如黎曼假设。自然数幂和的公式通常是以数学归纳法的形式出现的。但数学归纳法本身并不告诉这些公式是怎么来的。本章通过非常初等的一些观察和运算，推导了自然数幂和公式！

谜题

　　围着一个大圆桌坐满了 50 个学生。现在他们开始交换位置。所有学生都是沿顺时针方向移动到达他们的新位置。第一个同学说他移动了 1 个位置，第二个同学说他移动了 2 个位置，第三个同学说他移动了 3 个位置，依次类推，直到最后一个同学说他移动了 50 个位置，结果他回到了原位。

　　证明 50 个学生中肯定有个同学说错了。

一个聪明的点阵求和

　　在第 2 章，我们已经探讨过通过点阵来求和。作为本章的引子，我们在这里简要回顾一下。

图 11.1a

　　这个图形蕴含着和式：

$$1+2+3+4+5+4+3+2+1$$

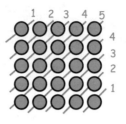

图 11.1b

所以不需要复杂的计算，我们就能轻松得到：

$$1+2+3+4+5+4+3+2+1 = 5^2$$

现在我们不仅仅考虑这样一个简单的 5×5 点阵，我们要考虑很多点的点阵，我们把它称为 $n \times n$ 点阵，同样我们可以得到：

$$1+2+3+\cdots+(n-1)+n+(n-1)+\cdots+2+1 = n^2$$

再在两边加一个 n，就得到 $2(1+2+\cdots+n) = n^2+n$：

$$\boxed{1+2+3+\cdots+(n-1)+n} + \boxed{(n-1)+\cdots+2+1} + n = n^2+n$$

由此导出以下经典的前 n 个自然数的求和公式：

$$1+2+3+\cdots+n = \frac{n(n+1)}{2}$$

问题 11.1

图 11.2 是笔者很喜欢的乘法表（我们每个人都应该有一张这样表）。

×	1	2	3	4	5
1	1×1	1×2	1×3	1×4	1×5
2	2×1	2×2	2×3	2×4	2×5
3	3×1	3×2	3×3	3×4	3×5
4	4×1	4×2	4×3	4×4	4×5
5	5×1	5×1	5×3	5×4	5×5

图 11.2

图中有很多乘积，这些乘积全部加起来等于多少？ ∎

答 1：第一行的和为

$$1 \times 1 + 1 \times 2 + 1 \times 3 + 1 \times 4 + 1 \times 5 = 1 \times (1+2+3+4+5)$$

第二行的和为 $2\times(1+2+3+4+5)$，第三行的和为 $3\times(1+2+3+4+5)$，依次类推。所以全部乘积的和为

$$
\begin{gathered}
1\times(1+2+3+4+5)+\\
2\times(1+2+3+4+5)+\\
3\times(1+2+3+4+5)+\\
4\times(1+2+3+4+5)+\\
5\times(1+2+3+4+5)
\end{gathered}
$$

提取公因子以后，我们得到：

$$(1+2+3+4+5)^2$$

一般地，如果对于一个 $n\times n$ 的乘法表，该表中所有元素（乘积）的和一定是：

$$(1+2+3+\cdots+n)^2$$

答 2：现在我们沿着“L 形”相加！

1×1	1×2	1×3	1×4	1×5
2×1	2×2	2×3	2×4	2×5
3×1	3×2	3×3	3×4	3×5
4×1	4×2	4×3	4×4	4×5
5×1	5×1	5×3	5×4	5×5

图 11.3

最大的“L 形”为

$$
\begin{gathered}
5\times1+5\times2+5\times3+5\times4+5\times5+\\
5\times4+5\times3+5\times2+5\times1
\end{gathered}
$$

这等于

$$5\times(1+2+3+4+5+4+3+2+1)=5\times5^2=5^3$$

倒数第二大的“L 形”为

$$4\times(1+2+3+4+3+2+1)=4\times4^2=4^3$$

剩下的 3 个为

$$3 \times (1 + 2 + 3 + 2 + 1) = 3 \times 3^2 = 3^3$$
$$2 \times (1 + 2 + 1) = 2 \times 2^2 = 2^3$$
$$1 \times (1) = 1^3$$

所以，全部的 "L 形" 中的那些乘积的和等于

$$1^3 + 2^3 + 3^3 + 4^3 + 5^3$$

一般地，如果是一个 $n \times n$ 的乘法表，那么该乘法表中的那些元素（乘积）全部加起来等于

$$1^3 + 2^3 + 3^3 + \cdots + n^3$$

虽然我们用的是两种不同的方法，但得到的结果是相同的！所以，我们有

$$1^3 + 2^3 + 3^3 + \cdots + n^3 = (1 + 2 + \cdots n)^2$$

结合我们之前得到的

$$1 + 2 + 3 + \cdots + n = \frac{n(n+1)}{2}$$

我们可以得到下面的结论：

$$1^3 + 2^3 + 3^3 + \cdots + n^3 = \frac{n^2(n+1)^2}{4}$$

问题 11.2

通过观察一个乘法表的对角线，我们可以知道什么？ ∎

注： 在所有的表中，笔者确实非常钟爱乘法表。这里面隐藏着太多的秘密。从乘法表中，你能看出勾股数吗？比如（3，4，5）就是一组勾股数。

自然数的平方和

我们已经有自然数的 1 次方和 $(1+2+\cdots+n)$ 及自然数的立方和 $(1^3+2^3+\cdots+n^3)$，跳过了平方和：

$$1^2+2^2+3^2+\cdots+n^2$$

自然数的平方和也会有个公式吗？

下面是自然数的平方：

$$1^2 = \underline{1}$$
$$2^2 = \underline{1+2}+\underline{1}$$
$$3^2 = \underline{1+2+3}+\underline{2+1}$$
$$4^2 = \underline{1+2+3+4}+\underline{3+2+1}$$
$$5^2 = \underline{1+2+3+4+5}+\underline{4+3+2+1}$$

这些自然数的平方和等于两个三角形表中元素之和：

$$
1^2+2^2+3^2+4^2+5^2 =
\begin{matrix}
&1& & & \\
&1&2& & \\
1&2&3& & \\
1&2&3&4& \\
1&2&3&4&5
\end{matrix}
\quad + \quad
\begin{matrix}
& & &1& \\
& &1&2& \\
&1&2&3& \\
1&2&3&4&
\end{matrix}
$$

三角形表中的元素加起来等于多少呢？我们来看第一个表：

$$
\begin{matrix}
1& & & & \\
1&2& & & \\
1&2&3& & \\
1&2&3&4& \\
1&2&3&4&5
\end{matrix}
$$

它有 5 个 1，4 个 2，3 个 3，2 个 4，1 个 5。所以这些数字加起来就是

$$5\times1+4\times2+3\times3+2+1\times5$$

这个和式有点冗长，它有没有一个简单一点的表示方式呢？一般地，对于和式

$$n\times1+(n-1)\times2+\cdots+2\times(n-1)+1\times n$$

我们有没有一个公式来表示它呢？如果有这样的公式，那么平方和 $1^2+2^2+3^2+\cdots+n^2$ 就等于两个这样的公式相加：一个是有 n 行的三角形表，另一个是有 $n-1$ 行的三角形表。

给一些点上色！

我们先暂时切换一下轨道。

如果有 n 个一排白色的点，有多少种方式给其中的 k 个加上颜色呢？

○○○○○○○○○○

图 11.4

在数学里把这个问题叫 "组合"：我们要从 n 个物品中取出其中的 k 个，所以有：

$$C_n^k = \frac{n!}{k!(n-k)!}$$

种不同的方式。现在让我们把这些问题重新来一遍！

给 1 个点上色

有一排 10 个点。有多少不同的方式给其中 1 个点上红色？

○○○○○○○○○○

图 11.5

显然，我们有 10 个选择。我们可以给第 1 个、第 2 个、第 3 个、…，或者第 10 个上色，所以有 10 种方式。这和公式是一致的：

$$C_{10}^1 = \frac{10!}{1!9!} = 10$$

给 2 个点上色

同样的 10 个点，我们需要给其中的 2 个点上色，有多少种不同的方式？

○○○○○○○○○○

我们知道答案是 C_{10}^2。但我们从另外的角度回答这个问题。有 2 个点有颜色，那么我们列出左边那个有颜色的点可能的位置，再数一数右边那个有颜色的点可能的位置：

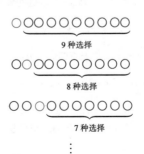

○○○○○○○○○　○
　　　　　　　　　1 种选择

图 11.6

图 11.6 显示这个答案应该是 $1 + 2 + 3 + \cdots + 9$。这和我们公式给出的答案 $C_{10}^2 = \dfrac{9 \times 10}{2}$ 是吻合的。我们再次发现了这个公式：

$$1 + 2 + 3 + \cdots + n = \frac{n(n+1)}{2} = \frac{1}{2}n^2 + \frac{1}{2}n$$

这个公式对应于有一排 $n + 1$ 个点，有多少种方式给其中的 2 个点上色。

问题 11.3

这个图

○○○○○○○○○

图 11.7

也可以解释方程 $8 = x + y + z$ 的一个解 $x = 3$，$y = 4$ 及 $z = 1$。那么，哪个图对应解 $x = 6$，$y = 0$，$z = 2$ 呢？方程 $8 = x + y + z$ 共有多少个非负的整数解呢？　　■

给 3 个点上色

有一排 10 个点，有多少种不同的方式给其中 3 个点上色？

○○○○○○○○○○

我们知道答案是 C_{10}^3。但我们从另外的角度来思考一下。我们列出 3 个上色点中间的那个点的可能的位置：

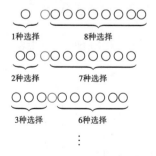

图 11.8

用这种方式计算，我们得到：

$$1 \times 8 + 2 \times 7 + 3 \times 6 + \cdots + 8 \times 1$$

而这肯定等于 C_{10}^3。哇！我们发现了这个公式：

$$1 \times n + 2 \times (n-1) + 3 \times (n-2) + \cdots + n \times 1 = C_{n+2}^3$$

有 n 行的三角形表中所有数之和为 C_{n+2}^3。

问题 11.4

(a) 方程 $7 = x + y + z + w$，x, y, z, w 均为非负整数，有多少组解？

(b) 方程 $11 = x + y + z + w$，x, y, z, w 均为正整数，有多少组解？

(c) 方程 $15 = x + y + z + w$，x, y, z, w 均为大于等于 2 的整数，有多少组解？

■

回到正整数平方和的问题

我们已经知道了有 n 行的三角形表中所有数之和为 C_{n+2}^3。比如：

```
1
1  2
1  2  3
1  2  3  4
1  2  3  4  5
```

所有数字之和为 $C_7^3 = \dfrac{5 \times 6 \times 7}{6} = 35$。下面两个三角形表

```
1                    1
1  2               1  2
1  2  3      +    1  2  3
1  2  3  4         1  2  3  4
1  2  3  4  5
```

所有数字之和为 $C_7^3 + C_6^3 = 35 + 20 = 55$。这是前 5 个正整数的平方和 $1^2 + 2^2 + 3^2 + 4^2 + 5^2$。

一般地，我们有

$$1^2 + 2^2 + 3^2 + \cdots + n^2 = C_{n+2}^3 + C_{n+1}^3$$
$$= \frac{n(n+1)(n+2)}{6} + \frac{(n-1)(n)(n+1)}{6}$$
$$= \frac{n(n+1)(2n+1)}{6}$$

我们找到了前 n 个正整数平方和的公式！

再来看 3 个点上色的情况

我们之前考虑的是 3 个点上色的中间那个点的位置。现在我们考虑 3 个点上色最左边那个点的位置。这意味着它的右边有 2 个上色点。列举如下：

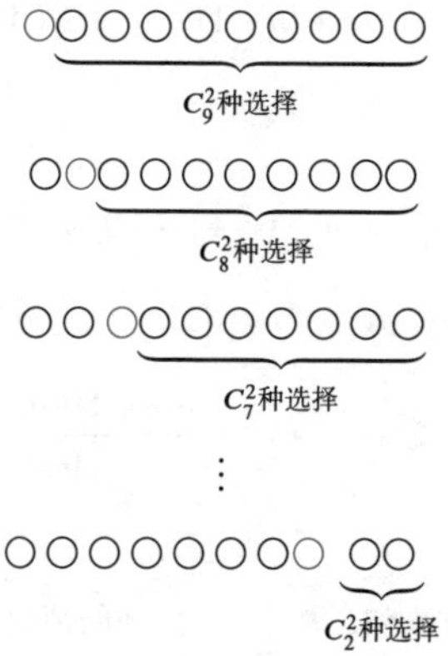

图 11.9

由此，得到下面这个奇异的公式：

$$C_{10}^3 = C_9^2 + C_8^2 + C_7^2 + \cdots + C_2^2$$

一般地，我们有

$$C_{n+1}^3 = C_n^2 + C_{n-1}^2 + C_{n-2}^2 + \cdots + C_2^2$$

因为 $C_n^2 = \dfrac{n(n-1)}{2} = \dfrac{1}{2}n^2 - \dfrac{1}{2}n$，所以

$$C_n^2 = \frac{1}{2}n^2 - \frac{1}{2}n$$

$$C_{n-1}^2 = \frac{1}{2}(n-1)^2 - \frac{1}{2}(n-1)$$

$$C_{n-2}^2 = \frac{1}{2}(n-2)^2 - \frac{1}{2}(n-2)$$

$$\vdots$$

$$C_2^2 = \frac{1}{2}(2)^2 - \frac{1}{2}(2)$$

全部加起来

$$C_{n+1}^3 = \frac{1}{2}[n^2 + (n-1)^2 + \cdots + 2^2] - \frac{1}{2}[n + (n-1) + \cdots + 2]$$

这可以写成

$$2 \times C_{n+1}^3 = [n^2 + (n-1)^2 + \cdots + 2^2 + 1^2] -$$
$$[n + (n-1) + \cdots + 2 + 1]$$

因此

$$2 \times C_{n+1}^3 = [n^2 + (n-1)^2 + \cdots + 2^2 + 1^2] - \frac{n(n+1)}{2}$$

这个式子再化简一下，我们再次得到

$$1^2 + 2^2 + \cdots + n^2 = \frac{n(n+1)(2n+1)}{6}$$

更进一步！

前面我们讨论了整数的方幂和，幂为 1，2，3 的情况。现在我们可以进一步考虑幂为 4 及更多的情况。以下的代数运算比之前要复杂很多，适合敢于挑战的勇敢者。

我们来看给 4 个点上色的情况。我们写得比之前更简约和抽象了。

> **问题 11.5**
>
> 有一排 $n+1$ 个白色的点，给其中的 4 个点上色，有多少种不同的方式？ ∎

答 1：有 C_{n+1}^4 种不同的方式。

答 2：考虑 4 个上色点左边的那个点的可能位置，它的右边有 3 个上色点。由此可以得到：

$$C_n^3 + C_{n-1}^3 + C_{n-2}^3 + \cdots + C_3^3$$

这两个答案必定是相等的！

注：第二个解答中式子的右边一项 C_3^3，这有点闹心。注意到 $C_n^3 = \dfrac{n(n-1)(n-2)}{6}$，当 $n=1$ 和 $n=2$ 时都等于 0（确实，从 1 个或者 2 个物品中要选出 3 个来，只有 0 种方式）。所以我们可以把上面式子改写成：

$$C_{n+1}^4 = C_n^3 + C_{n-1}^3 + C_{n-2}^3 + \cdots + C_3^3 + C_2^3 + C_1^3$$

我们把 $C_n^3 = \dfrac{n(n-1)(n-2)}{6}$ 展开成 $\dfrac{1}{6}n^3 - \dfrac{1}{2}n^2 + \dfrac{1}{3}n$，那么上面的公式就化为

$$C_{n+1}^4 = \left(\frac{1}{6}n^3 - \frac{1}{2}n^2 + \frac{1}{3}n\right) + \left[\frac{1}{6}(n-1)^3 - \frac{1}{2}(n-1)^2 + \frac{1}{3}(n-1)\right] +$$
$$\cdots + \left(\frac{1}{6}\cdot 1^3 - \frac{1}{2}\cdot 1^2 + \frac{1}{3}\cdot 1\right)$$

合并一些同类项，我们得到

$$C_{n+1}^4 = \frac{1}{6}\cdot(1^3 + 2^3 + \cdots + n^3) - \frac{1}{2}\cdot(1^2 + 2^2 + \cdots + n^2) + \frac{1}{3}\cdot(1 + 2 + \cdots + n)$$

问题 11.6

对于 $(1 + 2 + \cdots + n)$ 和 $(1^2 + 2^2 + \cdots + n^2)$，我们已有相应的公式。用它们来证明

$$1^3 + 2^3 + \cdots + n^3 = \frac{1}{4}n^4 + \frac{1}{2}n^3 + \frac{1}{4}n^2$$

这和我们之前的立方和公式是一致的吗？　∎

给更多的点上色

如有兴趣，你可以给 5 个点上色，从而得到：

$$1^4 + 2^4 + 3^4 + \cdots + n^4 = \frac{1}{5}n^5 + \frac{1}{2}n^4 + \frac{1}{3}n^3 - \frac{1}{30}n$$

给 6 个点上色，你可以得到：

$$1^5 + 2^5 + 3^5 + \cdots + n^5 = \frac{1}{6}n^6 + \frac{1}{2}n^5 + \frac{5}{12}n^4 - \frac{1}{2}n^2$$

那么给 7 个点和 8 个点上色，可以分别得到什么呢？

本章开始的谜题

稍微轻松一下，我们来回答本章开始的那个谜题。假设第一个学生顺时针移动到第二个学生当前的位置，第二个学生移动到第三个学生当前的位置，依次类推。这些学生移动位置的总数必是 50 的倍数。但是学生们自称的移动位置的总数为：

$$1 + 2 + 3 + \cdots + 50 = \frac{50\times 51}{2} = 25\times 51$$

不是 50 的倍数，所以一定有人数错了！（注：如果给学生编号为 $1 \sim 50$，那么第 i 个学生移动到 j 的位置，移动了 $j - i$。这个学生的位置必定由某个人填充，那这个人移动就是从某个 u 移动到 i，所以总共移动了 $u - i$，超过 50 的，取除以 50 的余数即可。所以总数一定是除以 50 余 0 的。）

问题 11.7

"幸运碗"冰激凌商店推出特价冰激凌活动：从 12 个不同风味的调料碗中任意取 12 勺组成一款特价冰激凌。这次活动总共有多少种不同款的特价冰激凌？

我们给出的答案是 C_{23}^{11}。为什么这个问题与给一排 23 个点中 11 个点上色的问题结果是一样的呢？ ∎

幂和问题：勇敢者的下一步

数学家研究自然数方幂和的问题已经有好几个世纪，甚至上千年。我们前文已经用一些方法解决了一些问题。这些方法有不少的代数运算，有点难，但也富含丰富的数学思想。

以下是我们已经见过的：

$$1 + 2 + \cdots + n = \frac{1}{2}n^2 + \frac{1}{2}n$$

$$1^2 + 2^2 + \cdots + n^2 = \frac{1}{3}n^3 + \frac{1}{2}n^2 + \frac{1}{6}n$$

$$1^3 + 2^3 + \cdots + n^3 = \frac{1}{4}n^4 + \frac{1}{2}n^3 + \frac{1}{4}n^2$$

$$1^4 + 2^4 + \cdots + n^4 = \frac{1}{5}n^5 + \frac{1}{2}n^4 + \frac{1}{3}n^3 - \frac{1}{30}n$$

$$1^5 + 2^5 + \cdots + n^5 = \frac{1}{6}n^6 + \frac{1}{2}n^5 + \frac{5}{12}n^4 - \frac{1}{2}n^2$$

这些公式里有一些奇异的现象。

---

1. 幂和 $1^k + 2^k + \cdots + n^k$ 是一个关于 n 的多项式，其次幂为 $k + 1$；

2. 多项式的首项均为 $\frac{1}{1+k}n^{k+1}$；

3. 多项式的第二项均为 $\frac{1}{2}n^k$；

4. 多项式没有常数项；

5. 多项式的系数和为 1，比如 $\frac{1}{2} + \frac{1}{2} = 1$，$\frac{1}{3} + \frac{1}{2} + \frac{1}{6} = 1$，以及 $\frac{1}{4} + \frac{1}{2} + \frac{1}{4} = 1$，等等；

6. 多项式系数的"交错和"为 0，比如 $\frac{1}{2} - \frac{1}{2} = 0$，$\frac{1}{3} - \frac{1}{2} + \frac{1}{6} = 0$，$\frac{1}{4} - \frac{1}{2} + \frac{1}{4} = 0$，以及 $\frac{1}{5} - \frac{1}{2} + \frac{1}{3} - 0 + \left(-\frac{1}{30}\right) = 0$。

自然数的每一个幂和都是一个多项式，这似乎并不是显然的。其他性质是否正确，也不太容易看出来。不过上面的 1～6 项确实对于任意的幂和都是成立的！

研究

　　我们这里的方法略显"笨拙"，但至少能帮助解决上面的问题。比如，为了说明以上公式的正确性，我们来看"给 7 个点上色"的情形。考虑最左边的一个上色点的位置，这个公式：

$$1^6 + 2^6 + \cdots + n^6$$

一定是一个形如 $\dfrac{1}{7}n^7 + \dfrac{1}{2}n^6 + \cdots$ 的 7 次多项式，没有常数项。这个多项式的系数和一定是 1，因为公式两边把 $n = 1$ 代入即可求得系数和为 1。

　　要求多项式系数的交错和，我们把 $n = -1$ 代入即可。但这个结果一定是 0，因为这个多项式有一个因子为 $(n + 1)$。你能看出 $(n + 1)$ 在我们之前讨论的每一个方幂和中都出现了吗？

　　对于一个自然数的方幂和

$$1^k + 2^k + \cdots + n^k$$

目前还没有一个简单的公式。但瑞士数学家欧拉（1707—1783）有个非常巧妙的方法，在自然数幂和这个问题上取得重大突破。

对于超级勇敢者……

　　我们考虑泰勒级数

$$e^x = 1 + x + \frac{x^2}{2!} + \frac{x^3}{3!} + \cdots$$

注意到

$$
\begin{aligned}
&1 + e^x + e^{2x} + e^{3x} + \cdots + e^{nx} \\
=\ &1 + \left(1 + x + \frac{x^2}{2!} + \frac{x^3}{3!} + \cdots\right) + \\
&\left(1 + 2x + \frac{2^2 x^2}{2!} + \frac{2^3 x^3}{3!} + \cdots\right) + \\
&\left(1 + 3x + \frac{3^2 x^2}{2!} + \frac{3^3 x^3}{3!} + \cdots\right) + \\
&\cdots + \\
&\left(1 + nx + \frac{n^2 x^2}{2!} + \frac{n^3 x^3}{3!} + \cdots\right)
\end{aligned}
$$

可以化成

$$
\begin{aligned}
&1+(1+1+1+\cdots+1)+ \\
&(1+2+3+\cdots+n)x+ \\
&\frac{1}{2!}\cdot(1^2+2^2+\cdots+n^2)x^2+ \\
&\frac{1}{3!}\cdot(1^3+2^3+\cdots+n^3)x^3+ \\
&\cdots
\end{aligned}
\tag{1}
$$

这说明

$$
1+e^x+e^{2x}+\cdots+e^{nx}
$$

和我们寻找的自然数幂和有深刻的联系！我们就来研究它。

首先我们知道它是个几何级数：

$$
\begin{aligned}
&1+e^x+e^{2x}+\cdots+e^{nx} \\
&=1+(e^x)+(e^x)^2+\cdots+(e^x)^n \\
&=\frac{e^{(n+1)x}-1}{e^x-1}
\end{aligned}
$$

所以研究幂和的问题意味着我们可以研究这个奇怪的函数 $\dfrac{e^{(n+1)x}-1}{e^x-1}$。如果我们能找到它的泰勒级数：

$$
\frac{e^{(n+1)x}-1}{e^x-1}=a+bx+cx^2+dx^3+\cdots
$$

那就爽了！我们比较这个泰勒级数与之前得到的级数 (1) 的系数就可以了。它的泰勒级数怎么求呢？我们至少知道：

$$
\frac{e^{(n+1)x}-1}{e^x-1}=\frac{(n+1)+\dfrac{(n+1)^2}{2!}x+\dfrac{(n+1)^3}{3!}x^2+\cdots}{1+\dfrac{1}{2!}x+\dfrac{1}{3!}x^2+\cdots}
$$

欧拉发现，如果我们把

$$
\frac{x}{e^x-1}=\frac{1}{1+\dfrac{1}{2!}x+\dfrac{1}{3!}x^2+\cdots}
$$

的泰勒级数

$$
B_0+B_1x+\frac{B_2}{2}x^2+\frac{B_3}{3}x^3+\cdots
$$

写出来，那么我们只需要将

$$\left[(n+1) + \frac{(n+1)^2}{2!}x + \frac{(n+1)^3}{3!}x^2 + \cdots\right]\left(B_0 + B_1 x + \frac{B_2}{2}x^2 + \frac{B_3}{3}x^3 + \cdots\right)$$

两个级数相乘，然后与之前的级数 (1) 比较系数即可。

求解系数 B_i

我们希望得到

$$\frac{1}{1 + \frac{1}{2!}x + \frac{1}{3!}x^2 + \cdots} = B_0 + B_1 x + \frac{B_2}{2}x^2 + \frac{B_3}{3}x^3 + \cdots$$

即

$$1 = \left(1 + \frac{1}{2!}x + \frac{1}{3!}x^2 + \cdots\right)\left(B_0 + B_1 x + \frac{B_2}{2}x^2 + \frac{B_3}{3}x^3 + \cdots\right)$$

现在我们用多项式的乘法试试看能否得到什么。

$$1 = B_0 + \left(B_1 + \frac{1}{2!}\right)x + \left(\frac{B_2}{2!} + \frac{B_1}{2!} + \frac{B_0}{3!}\right)x^2 +$$
$$\left(\frac{B_3}{3!} + \frac{B_2}{2!2!} + \frac{B_1}{3!} + \frac{B_0}{4!}\right)x^3 + \cdots$$

这太好了！比较上式两边的系数，我们发现：

$$B_0 = 1, B_1 = -\frac{1}{2}, B_2 = \frac{1}{6}, B_3 = 0, \cdots$$

现在我们需要把下式乘起来后和级数 (1) 的系数作比较。

$$\left[(n+1) + \frac{(n+1)^2}{2!}x + \frac{(n+1)^3}{3!}x^2 + \cdots\right]\left(1 - \frac{1}{2}x + \frac{1}{6\cdot2!}x^2 + 0x^3 + \cdots\right)$$

打开括号，我们有

$$(n+1) + \left[\frac{(n+1)^2}{2!} - \frac{n+1}{2}\right]x + \left[\frac{(n+1)^3}{3!} - \frac{(n+1)^2}{2\cdot2!} + \frac{(n+1)}{6\cdot2!}\right]x^3 + \cdots$$

与级数 (1) 的系数作比较：

$$1 + (1 + 1 + \cdots + 1) = (n+1)$$
$$1 + 2 + 3 + \cdots + n = \frac{(n+1)^2}{2!} - \frac{(n+1)}{2}$$
$$1^2 + 2^2 + \cdots + n^2 = \frac{(n+1)^3}{3!} - \frac{(n+1)^2}{2\cdot2!} + \frac{(n+1)}{6\cdot2!}$$
$$\cdots\cdots$$

这和我们之前发现的公式一致！

注：泰勒级数

$$\frac{x}{e^x - 1} = B_0 + B_1 x + \frac{B_2}{2!} x^2 + \frac{B_3}{3!} x^3 + \cdots$$

的系数 $B_0, B_1, B_2, \cdots$ 令人意外地出现在很多数学领域。它们称为"伯努利数"。

尽管还是显得很冗长，但欧拉的方法确实给出了一个漂亮的结果：

$$1^k + 2^k + \cdots + n^k = \frac{(B + n + 1)^{k+1} - B^{k+1}}{k + 1}$$

其中 B^k 表示第 k 个伯努利数。比如

$$
\begin{aligned}
1^2 + 2^2 + \cdots + n^2 &= \frac{(B + n + 1)^3 - B^3}{3} \\
&= \frac{B^3 + 3B^2(n+1) + 3B^1(n+1)^2 + (n+1)^3 - B^3}{3} \\
&= \frac{3B_2(n+1) + 3B_1(n+1)^2 + (n+1)^3}{6}
\end{aligned}
$$

因为 $B_0 = 1, B_1 = -1, B_2 = 1/6$，这得到了我们已知的平方和！

伯努利数有很多优美的性质，人们已发现很多巧妙的方法来计算它们。互联网上当然有很多关于它们的信息，不妨自己查看。

额外补充：自然数的幂和与二项式定理

运用二项式定理：

$$(x+1)^r = x^r + \frac{r!}{(r-1)!1!} x^{r-1} + \frac{r!}{(r-2)!2!} x^{r-2} + \cdots + \frac{r!}{1!(r-2)!} x + 1$$

把 $x = 1, x = 2, \cdots, x = n$ 代入，并令 $r = k + 1$，我们得到：

$$
\begin{aligned}
(1+1)^{k+1} - 1^{k+1} &= \frac{(k+1)!}{k!1!} \cdot 1^k + \frac{(k+1)!}{(k-1)!2!} \cdot 1^{k-1} + \cdots + \frac{(k+1)!}{1!k!} \cdot 1 + 1 \\
(2+1)^{k+1} - 2^{k+1} &= \frac{(k+1)!}{k!1!} \cdot 2^k + \frac{(k+1)!}{(k-1)!2!} \cdot 2^{k-1} + \cdots + \frac{(k+1)!}{1!k!} \cdot 2 + 1 \\
(3+1)^{k+1} - 3^{k+1} &= \frac{(k+1)!}{k!1!} \cdot 3^k + \frac{(k+1)!}{(k-1)!2!} \cdot 3^{k-1} + \cdots + \frac{(k+1)!}{1!k!} \cdot 3 + 1 \\
&\vdots \\
(n+1)^{k+1} - n^{k+1} &= \frac{(k+1)!}{k!1!} \cdot n^k + \frac{(k+1)!}{(k-1)!2!} \cdot n^{k-1} + \cdots + \frac{(k+1)!}{1!k!} \cdot n + 1
\end{aligned}
$$

(2)

我们把以上式子的左边相加，结果为：

$$(2^{k+1} - 1^{k+1}) + (3^{k+1} - 2^{k+1}) + \cdots + [(n+1)^{k+1} - n^{k+1}]$$

化简后为 $(n+1)^{k+1}-1$。而 (2) 右边相加得到：

$$\frac{(k+1)!}{k!1!}(1^k+2^k+\cdots+n^k)+$$

$$\frac{(k+1)!}{(k-1)!2!}(1^{k-1}+2^{k-1}++\cdots+n^{k-1})+$$

$$\cdots+$$

$$\frac{(k+1)!}{1!k!}(1+2+\cdots+n)+$$

$$(1+1+\cdots+1)$$

如果我们采用记号：

$$C_r^m=\frac{r!}{m!(r-m)!}$$

并记

$$p_k(n)=(1^k+2^k+\cdots+n^k)$$

$$p_{k-1}(n)=(1^{k-1}+2^{k-1}++\cdots+n^{k-1})$$

$$\vdots$$

$$p_1(n)=(1+2+\cdots+n)$$

$$p_0(n)=(1+1+\cdots+1)$$

现在我们把 (2) 式左右两边分别求和并化简后再进行比较，我们得到以下令人惊叹的等式：

$$C_{k+1}^k\times p_k(n)+C_{k+1}^{k-1}\times p_{k-1}(n)+\cdots+C_{k+1}^1\times p_1(n)+C_{k+1}^0\times p_0(n)$$

$$=(n+1)^{k+1}-1$$

所以如果我们已经知道 $p_0(n),p_1(n),\cdots,p_{k-1}(n)$，那我们就可以利用它们得到 $p_k(n)$。[试一试：已知 $p_0(n)=n$ 和 $p_1(n)=n(n+1)/2$，求 $p_2(n)$。]

以上方法要比我们之前给点上色的方法更简洁一些，但其本质一样的。二项式定理的证明本质上也用到同样的方法。

注：因为 $p_0(n)=n$，我们可以得到

$$C_{k+1}^k\times p_k(n)+C_{k+1}^{k-1}\times p_{k-1}(n)+\cdots+C_{k+1}^1\times p_1(n)$$

$$=(n+1)^{k+1}-1-n$$

$$=n(n+1)\times(某个\ n\ 多项式)$$

所以，如果 $p_1(n),\cdots,p_{k-1}(n)$，每个都有因子 $n(n+1)$，那么 $p_k(n)$ 也有这个因子。这就解释了幂和公式的多项式中没有常数项，以及系数的交错和为 0 的问题。

鸡蛋与楼层分类

12

本章导读

　　本章即将研究一个比经典"鸡蛋和楼层分类"问题更广泛的问题。通过讨论鸡蛋的个数和限制实验的次数，得到一个递推公式，不仅解决了经典的谜题，而且获得了更多类似问题的解。本文还由此提出了新的问题供研究。

谜题　和一个经典问题略有不同的问题

　　一个摩天大楼的每层楼都有一个阳台。假设有鸡蛋从阳台上自由掉落地面。再假设鸡蛋从某层楼掉落地面只有摔坏和没有摔坏（完好无损）两种情况。如果鸡蛋从某层楼掉落地面完好无损，那么我们可以确定鸡蛋从比这层楼更低的楼层掉下去也是完好无损的。但如果鸡蛋从某层楼掉落地面摔坏了，那么我们可以确定鸡蛋从这层楼更高的楼层掉下去也是摔坏的。

　　现在我们的任务就是从摩天大楼的第一层开始，到尽可能高的某一个楼层，把它们之间的每层楼都分为"鸡蛋摔坏"和"鸡蛋完好"两个类别，分别标记为 B 和 N。

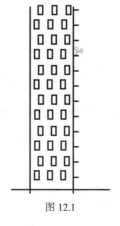

图 12.1

　　为了达到这个目的，需要一定数量的鸡蛋，也需要做一定数量的实验。一个

"实验"就是到某个楼层的阳台上，让一个鸡蛋自由掉落地面，记录最后鸡蛋是"摔坏"还是"完好无损"，从而得出该楼层是 B 还是 N。做完一次试验后，如果做实验的那个鸡蛋摔坏了，我们就少了一个鸡蛋，反之我们还可以用它再做实验。

如果我们在第一层楼做实验，就发现鸡蛋摔坏了，那么我知道这个大楼每一层都是 B 楼层。如果没有摔坏，我们只能得到第一层为 N 楼层的结论。

所以，如果我们有一个鸡蛋，并且只做一次实验，我们能只能确定第一层为 B 或者 N。

如果我们有一个鸡蛋，并且我们愿意做两次实验。这时我们能确定第一层和第二层的类型：从第一层掉鸡蛋，如果摔坏，所有楼层分类完成。如果没有摔坏，继续在第二层做实验，如果摔坏，所有楼层分类完成。但如果没有摔坏，我们只能确定第一层和第二层为 N 楼层，确定不了其他楼层。所以一个鸡蛋，两次实验，我们能确保对 1～2 层进行分类。

(a) 假定我们有 1 个鸡蛋，而且我们愿意最多做 n 次实验。解释为什么我们只能确保对 1～n 层进行分类，确定不了其他楼层的类型。

(b) 假如我们有 2 个鸡蛋，而且我们愿意最多做 4 次实验。解释为什么我们只能确保对 1～10 层进行分类，确定不了其他楼层的类型。

(c) 假如我们有 2 个鸡蛋，而且我们愿意最多做 n 次实验。我们最多能确保对多少层楼进行分类？

(d) 假如我们有 3 个鸡蛋，而且我们愿意最多做 n 次实验。我们最多能确保对多少层楼进行分类？

(e) 假如我们有 k 个鸡蛋，而且我们愿意最多做 n 次实验。我们最多能确保对多少层楼进行分类？

求解这个谜题

"鸡蛋与楼层分类"问题确实是一个经典问题。它通常表述如下：

有一个 100 层楼的大楼和 2 个鸡蛋，你至少需要做多少次实验才能确保把大楼的全部楼层进行分类？

这个问题曾经出现在 J. 康霍伊泽（J. Konhauser）, D. 韦勒曼（D. Velleman）和 S. 瓦贡（S. Wagon）编写的 *Which Way Did the Bicycle Go* 一书之中。很多人都对这个问题很着迷。这里用固定做实验的次数的办法。

只做一次实验

如果只做一次实验，那么必须从第一层开始。因为从其他楼层开始，如果鸡蛋摔坏，那么我们得不到第一层的任何信息！所以如果只做一次实验，我们只能确保把第一层分类。

只有一个鸡蛋

如果只有 1 个鸡蛋，也只能做一次实验，那么我们只能确保把第一层分类。

如果只有 1 个鸡蛋，但最多可以做两次实验，那么我们能确保把 1～2 层都分类。

我们可以这样做：从第一层开始实验，如果摔坏，所有楼层都可分类 B。如果完好，我们在第二层做实验，可以对第二层分类。但实验次数用完了。所以我们能确保分类的只有第一层和第二层。但确保不了 1～3 层的分类。这是因为：如果第一次实验不是从第一层开始的，那么鸡蛋摔坏的情形，我们就得不到关于第一层的任何信息。所以第一次实验必须从第一层开始。如果在第一层的实验，鸡蛋完好，我们可以继续使用这个鸡蛋。如果第二次实验，我们是在比第二层高的其他楼层做，同样，在鸡蛋摔坏的情况下，我们得不到关于第二层的任何信息。所以第二次实验必须在第二层进行。如果在第二层进行的第二次实验中鸡蛋还是完好，那么我们成功地确定了第一层和第二层的分类，但并不知道第三层以及更高楼层的情况。此时我们已经用完实验的次数，不能再进行实验了！

同理，我们可以知道：只有 1 个鸡蛋，最多可做 3 次实验，可以确保 1～3 层的分类。只有 1 个鸡蛋，最多可做 4 次实验，可以确保 1～4 层分类，等等。

我们由此得出：

> 只有一个鸡蛋，最多可做 n 次实验，可以确保把第 $1, 2, 3, \cdots, n$ 层进行分类。但是，其他楼层的分类确保不了。

k 个鸡蛋，最多可做 n 次实验

假设 $E_k(n)$ 表示有 k 个鸡蛋，最多可做 n 次实验，我们能确保分类的最高楼层：

$$1, 2, 3, \cdots, E_k(n)$$

那么本文前面的内容显示，对所有的 k，我们有

$$E_k(1) = 1 \text{ 以及 } E_1(n) = n$$

不难看出，如果只能做一次实验，我们手上有 k 个鸡蛋和只有 1 个鸡蛋是等价的。

现在假设我们有 k 个鸡蛋且最多可做 n 次实验。假设我们从第 a 层开始实验。

图 12.2

如果鸡蛋摔坏，那么我们不知道第 $1, 2, \cdots, a-1$ 层的信息，但我们知道第 a 层及以上均为 B 楼层。这时我们还剩有 $k-1$ 个鸡蛋，并且还可以做 $n-1$ 次实验。$E_{k-1}(n-1)$ 是 "$k-1$ 个鸡蛋，$n-1$ 次实验" 这种情况下能分类的最高楼层，所以最佳的结果是 $a = E_{k-1}(n-1) + 1$。这样的话，我们可以对整个大楼的每层楼进行分类。

如果鸡蛋完好，那么我们知道第 $1, 2, \cdots, a$ 层均为 N 楼层。这时我们还有 k 个鸡蛋及 $n-1$ 次实验。所以我们还能确保 $E_k(n-1)$ 这么多楼层的分类。

所以，不管哪种情况，我们能确保的最好结果就是对以下楼层分类：

$$1, 2, 3, \cdots, E_{k-1}(n-1), E_{k-1}(n-1) + 1, \cdots, E_{k-1}(n-1) + 1 + E_k(n-1)$$

于是，我们有

$$E_k(n) = E_{k-1}(n-1) + E_k(n-1) + 1$$

超级棒！这个递推公式能帮助我们计算得下表。表中蓝色的数字是我们已经推导的 1 个鸡蛋 n 次实验，或者 k 个鸡蛋 1 次实验得到的数值。然后中间的任何一个元素均为它正上方和左上方的两个元素之和再加 1。

表 12.1 鸡蛋实验数据表

k 个鸡蛋

$E_k(n)$	1	2	3	4	5	6	7	8
1	1	1	1	1	1	1	1	1
2	2	3	3	3	3	3	3	3
3	3	⑥	⑦	7	7	7	7	7
4	4	10	14	15	15	15	15	15
5	5	15	25	30	31	31	31	31
6	6	21	41	56	62	63	63	63
7	7	28	63	98	119	126	127	127

n 次实验

$⑥ + ⑦ + 1$
$= 14$

再次提醒一下，上表中每个元素都是 "k 个鸡蛋，n 次实验" 能把大楼从第一层开始确保每层都分类的最高楼层。

问题 12.1

假如你有 3 个鸡蛋，并且愿意最多做 6 次实验，那么从上表中可以看出 $E_3(6) = 41$。所以这能确保你对第 $1, 2, 3, \cdots, 41$ 层进行分类。

但你应该怎么做呢？

我们的推导过程显示，你应该从第 $E_2(5) + 1 = 16$ 层开始第一次实验。如果鸡蛋摔坏，那么我们只需要对 $1 \sim 15$ 层进行分类即可，这时我们还剩 2 个鸡蛋和最多 5 次实验。如果鸡蛋完好，这时我们还有 3 个鸡蛋及 5 次实验，我们下一次实验的楼层就是

$$16 + (E_2(4) + 1) = 16 + 10 + 1 = 27$$

再下一次实验呢？请完成实现对 $1 \sim 41$ 层分类的完整路线图。 ■

$E_k(n)$ 表的结构

第一列为自然数。

问题 12.2

对一个 100 层的大楼，你手上有一个鸡蛋，你最少需要做多少次实验才能确保完成对所有的楼层进行分类？ ■

答： 从第一列可以看出，你需要 100 次实验才能确保分类。确实有这种情况发生，比如从第一层开始实验，如果每层楼都是 N 楼层，这时你就需要 100 次实验。

一般地，如果有 f 层楼，只有 1 个鸡蛋的话，你需要 f 次实验才能确保全部楼层的分类。

表格中的第二列为三角数。这也可以从我们的递推公式中看出来。因为

$$E_2(n) = E_1(n-1) + E_2(n-1) + 1$$
$$= n - 1 + E_2(n-1) + 1$$
$$= E_2(n-1) + n$$

而 $E_2(1) = 1$，所以我们有：

$$E_2(2) = 1 + 2$$
$$E_2(3) = 1 + 2 + 3$$
$$E_2(4) = 1 + 2 + 3 + 4$$

以此类推。我们知道第 n 个三角数的公式为：

$$E_2(n) = \frac{n(n+1)}{2}$$

问题 12.3 经典的"鸡蛋与楼层分类"问题

有一个 100 层高的大楼以及 2 个鸡蛋，你需要最少做多少次实验才能确保对所有楼层进行分类？ ∎

问题 12.4 一个不同的版本

如果大楼还是 100 层那么高，但你的鸡蛋不限数量，那么你需要最少做多少次实验才能确保对所有楼层进行分类？ ∎

答： 从表上找 $E_k(N)$ 的值，我们发现第一排没有大于或等于 100 的。但 5 个鸡蛋 7 次实验能确保 119 层的分类，所以这就是最少的实验次数。

关于 $E_k(n)$ 的一般公式

总感觉递推公式中"+1"显得有点不协调。我们可以通过两项相减的方式去掉它。令

$$D_k(n) = E_{k+1}(n) - E_k(n)$$

相减后得到

$$D_k(n) = D_{k-1}(n-1) + D_k(n-1)$$

这看起来像"杨辉三角"类型的递推：每个元素都是它正上方的两个元素之和。事实上，如果我们做一个 D_k 的表格，得到：

表 12.2 调整后的鸡蛋实验数据表

	$D_k(n)$	1	2	3	4	5
	1	0	0	0	0	0
	2	1	0	0	0	0
n	3	3	1	0	0	0
	4	6	4	1	0	0
	5	10	10	5	1	0

哇！我们得到了一个"杨辉三角"的右半部分。我们猜想

$$D_k(n) = C_n^{k+1}$$

因为 D_k 表中第一行满足这个公式，也满足"杨辉三角"。D_k 和"杨辉三角"的元素都满足同样的递推关系，所以 D_k 表一定和"杨辉三角"是一致的。所以 D_k 的公式自然也是成立的。

这意味着我们有一个 $E_k(n)$ 的公式：

$$
\begin{aligned}
E_k(n) &= E_k(n) - E_{k-1}(n) + \\
&\quad E_{k-1}(n) - E_{k-2}(n) + \\
&\quad \cdots + \\
&\quad E_2(n) - E_1(n) + \\
&\quad E_1(n) \\
&= D_{k-1}(n) + D_{k-2}(n) + \cdots + D_1(n) + n \\
&= C_n^k + C_n^{k-1} + \cdots + C_n^2 + n \\
&= C_n^k + C_n^{k-1} + \cdots + C_n^2 + C_n^1
\end{aligned}
$$

比如：

$$
E_3(4) = C_4^3 + C_4^2 + C_4^1 = 4 + 6 + 4 = 14
$$

这太神奇了！

研究

我们有一些鸡蛋和一些鸵鸟蛋。鸵鸟蛋比鸡蛋坚硬一些。在楼房的阳台上做实验，我可以把一个楼层分类为以下三种之一。

N 都不摔坏

C 鸡蛋摔坏而鸵鸟蛋完好

B 都完好无损

一次"实验"是指在一个阳台上让一个蛋——可以是鸡蛋，也可以是鸵鸟蛋——自由掉落地面。我们的任务就是从第一层开始，连续分类到某个更高的楼层。

假如我们有 c 个鸡蛋，e 个鸵鸟蛋，而且我们可以做最多 n 次实验。令 $E(n, c, e)$ 表示我们能确保分类的最高楼层。

研究 $E(n, c, e)$ 的值。

$E(n, c, e)$ 和 $E_c(n)$ 以及 $E_e(n)$ 之间有什么关系？（当然，我们可以假定，从某一层阳台掉下来，如果鸵鸟蛋摔坏了，那么鸡蛋肯定也是摔坏。如果鸡蛋完好，那么鸵鸟蛋也完好！）

数一数"爆炸"次数

13

本章导读

　　本章是一篇研究短文。用三个完全不同的构造方法，得到了同一个序列。本章从每个自然数在"1 ← 2 智控爆炸机"中的爆炸次数入手，发掘它们之间匪夷所思的联系。

谜题

　　这个谜题有点长。我们提出一个序列不同的构造方式，但它们却有超级非凡的联系。

　　首先来看第一种构造方法：

> 　　假想有一个无穷的空格序列，先在首项放数字 0，之后每隔一个空格都放入数字 0。然后，从左往右，第一个空格处放数字 1，之后每隔一个空格处都放数字 1。接着，还是从左往右，在第一个空格处放入数字 2，之后每隔一个空格处都放数字 2。再放 3，4，5，… 依次类推。图 13.1 显示了这个序列的构造过程
>
> ```
> 0_0_0_0_0_0_0_0_0_0_0_0_ ...
> 010_010_010_010_010_010_ ...
> 0102010_0102010_0102010_ ...
> 0102010301020 10_0 10  0 103 ...
> 0102010301020 10 4010 20 103 ...
>   ⋮
> ```
>
> 图 13.1
>
> 　　从而我们得到序列
>
> **0102010301020104 0102···**

　　现在来看第二种构造方法：

从 0 开始，重复以下迭代过程：把已有的序列重复一遍，最后一项加 1。图 13.2 显示了这个序列的构造过程

```
0
0 | 1
0 1 | 0 2
0 1 0 2 | 0 1 0 3
0 1 0 2 0 1 0 3 | 0 1 0 2 0 1 0 4
⋮
```

图 13.2

由此得到序列

0 1 0 2 0 1 0 3 0 1 0 2 0 1 0 4 0 1 0 2 ···

(a) 以上两个序列是一样的！容易看出为什么是一样的吗？

再来看第三种构造方法：

把自然数依次写成其二进制表示。

1, 10, 11, 100, 101, 110, 111, 1000, 1001, 1010, 1011, 1100, 1101, 1110, 1111, ···

然后，数一数每个数字的二进制表示中末尾有多少个 0。于是我们得到序列：

0 1 0 2 0 1 0 3 0 1 0 2 0 1 0 4 0 1 0 2 ···

(b) 为什么以上三个序列是一样的？

这个神奇的序列还有一个分形性质：

去掉这个序列中的为 0 的那些项，剩下序列中的每一项都减掉 1，我们又得到原序列！

$$\not{0}\,1\,\not{0}\,2\,\not{0}\,1\,\not{0}\,3\,\not{0}\,1\,\not{0}\,2\,\not{0}\,1\,\not{0}\,4\cdots$$
$$=\ 1\ 2\ 1\ 3\ 1\ 2\ 1\ 4\cdots$$
减去 1
$$=\ 0\ 1\ 0\ 2\ 0\ 1\ 0\ 3\cdots$$

(c) 为什么这个序列还隐含有其自身信息（分形性质）？

我们再来看这个神奇序列的"部分和"序列：

$$0 = 0$$
$$0+1 = 1$$
$$0+1+0 = 1$$
$$0+1+0+2 = 3$$
$$0+1+0+2+0 = 3$$
$$0+1+0+2+0+1 = 4$$
$$\vdots$$

由此得到一个无穷序列：

0 1 1 3 3 4 4 7 7 8 8 10 10 11 11 ⋯

(d) 上面这个序列的第 N 项，正好是把 N 个点放到一个"1 ← 2 智控爆炸机"最右边的盒子里，这个智控爆炸机发生的爆炸的总次数，为什么？

最后再疯狂一下：

---

13 的二进制表示为 1101。把最后一个数字去掉得到 110。再次去掉最后的数字得到 11。再次去掉最后的数字得到 1。现在我们"截断求和"，即把每次截断后的结果加起来得到 1010，它是 10 的二进制表示。

13 = 1101

$$
\begin{array}{r}
1\,1\,0 \\
1\,1 \\
+\quad 1 \\
\hline
= 1\,2\,2 = 1\,0\,1\,0
\end{array}
$$

而这个序列

0 1 1 3 3 4 4 7 7 8 8 10 10 11 11 ⋯

的第 13 项正是 10!

再看第 50 项：

$$50 = 110010$$

$$
\begin{array}{r}
1\ 1\ 0\ 0\ 1 \\
1\ 1\ 0\ 1 \\
1\ 1\ 0 \\
1\ 1 \\
+\qquad\qquad 1 \\
\hline
=\ 1\ 2\ 2\ 2\ 4\ =\ 1\ 1\ 0\ 0\ 0\ 0
\end{array}
$$

而二进制的 110000，正是十进制的 48!

(e) 为什么把 N 个点放入 "1 ← 2 智控爆炸机" 最右边的盒子，机器中爆炸的次数等于诡异的 "截断求和"？

数一数 "1 ← 2 智控爆炸机" 中的爆炸次数

先回顾一下 "1 ← 2 智控爆炸机" 工作原理：这是一台由若干正方形盒子组成的机器，可以向左无限延伸。把要处理的点总是放入机器最右边的盒子。机器中只要有一个盒子里有 2 个及以上的点，那么这个盒子里的 2 个点就会爆炸消失，同时在该盒子左边的盒子里生成一个新的点。

现在我们每次把一个点放入机器的最右边盒子。机器生成对应的自然数的二进制表示，同时我们也统计每次发生爆炸的次数，如图 13.3 所示。

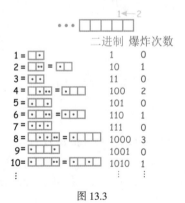

图 13.3

> **智控爆炸机中爆炸总次数与爆炸顺序无关**
>
> 上图中,我们每次只放了一个点在机器最右边的盒子里,从而可以依次得到每个自然数 N 对应的二进制表示以及机器内的爆炸次数。我们也可以一次放 N 点到机器最右边的盒子里,然后机器经过一系列爆炸会得到相同的二进制表示。爆炸总次数是一样的! 这确实有点意想不到!

以下我们来解释为什么爆炸总次数与顺序无关。

把 N 个点放入机器最右边的盒子,不管哪些点先爆,哪些点后爆,这个最右边的盒子里爆炸总次数是固定的:如果 N 是偶数,则是 $N/2$ 次;如果 N 为奇数,则为 $(N-1)/2$ 次。最右边盒子里每次爆炸都会在其左边盒子(从右往左数第 2 个盒子)生成 1 个新的点,所以从右数第二个盒子里的爆炸总次数也是固定的。依次类推。所以我们知道每个盒子里面的爆炸次数由放入最右边盒子点的个数 N 决定。所以,最后数字 N 在"$1 \leftarrow 2$ 智控爆炸机"中各盒子里的分布状态是固定的!

> **问题 13.1**
>
> 证明在"$2 \leftarrow 3$ 智控爆炸机"中,"爆炸次数与顺序无关"也成立。 ∎

现在我们来数一数爆炸次数。

令 $E(N)$ 等于把第 N 个点放入机器最右边盒子产生的爆炸次数。这之前已经有 $N-1$ 个点在机器中发生了爆炸。如果 $N-1$ 是偶数,那么它的二进制的末位是 0,也就是机器最右边的盒子是空的。所以把第 N 个点放入机器最右边的盒子,最右边的盒子此时只有 1 个点,不会有新的爆炸产生。这种情况下 $E(N) = 0$。我们也可以看出,这种情况下 N 的二进制的末位为 1:

$$E(奇数) = 0$$

但如果 $N-1$ 是奇数,那么它的二进制的末位为 1。我们假设它的末 k 位都是 1,那么 $N-1$ 的二进制表示形如

$$\cdots 0\overbrace{11\cdots 1}^{k}$$

这表明当 $N-1$ 个点放入"$1 \leftarrow 2$ 智控爆炸机"最右边的盒子里,经过一系列内部爆炸后,爆炸机右边的 k 盒子里都只有一个点(这些盒子左边的盒子为空)。再放入第 N 个点到机器最右边的盒子,就会产生 k 次爆炸,所以 $E(N) = k$。同时我们也可以看出 N 的二进制的末 k 位都是 0,即形如

$$\cdots 1\overbrace{00\cdots 0}^{k}$$

不管是哪种情况，我们都得到：

> $E(N) = N$ 的二进制表示中末尾有多少个 0（即从右开始数，有多少个连续的 0）。
>
> 因此序列 $\{E(N)\}$ 就是谜题中的序列：
>
> $$0\,1\,0\,2\,0\,1\,0\,3\,0\,1\,0\,2\,0\,1\,0\,4\,0\,1\,0\,2\cdots$$

在二进制中，一个数乘以 2 就等价于把一个 0 添加在它的二进制的末尾。所以 $2N$ 的二进制表示中末尾 0 的个数比 N 二进制末尾 0 的个数多 1。即

$$E(2N) = E(N) + 1$$

既然只有奇数 N 才使得 $E(N)$ 等于 0，所以

> 把序列 $\{E(N)\}$ 中的 0 都去掉，得到一个新序列。新序列比原序列对应的每一项都多 1。

既然序列 $\{E(N)\}$ 中的 0 都在奇数项（即第 1 位，第 3 位，第 5 位，第 7 位，…），那么把序列 $\{E(N)\}$ 中的 0 去掉后，新数列中的 1 都出现在奇数项。当序列 $\{E(N)\}$ 中的 0 被去掉后，新序列中的 2 处于原序列中 1 的位置。所以这些 2 出现在把 1 去掉后的奇数项。同理，当序列 $\{E(N)\}$ 中的 0 被去掉后，新序列中的 3 就相当于原序列中 2 的位置。所以这些 3 都出现在把 2 去掉后的奇数项。依次类推。

我们由此得到开篇谜题中构造的序列，所以

> 序列 $\{E(N)\}$ 可以由开篇谜题中第一种构造方式获得。

谜题中第二种序列构造法需要我们对每个 k，考察序列中第 $1, 2, \cdots, 2^k$ 项及第 $2^k + 1, 2^k + 2, \cdots, 2^k + 2^k$ 项。如果序列 $\{E(N)\}$ 是按照第二种构造法得到的，我们需要证明以下三个性质：

1. $E(1) = 0$；
2. $E(2^k + a) = E(a)$，$1 \leqslant a < 2^k$；
3. $E(2^k + 2^k) = E(2^k) + 1$。

性质 1 是显然成立的；性质 3 可以从 $E(2N) = E(N) + 1$ 得到；性质 2 是很有趣的一项：如果 $1 \leqslant a < 2^k$，那么在二进制中 a 最多有 k 位。$2^k + a$ 的二进制表示中首位为 1，其末尾 0 的个数和 a 的二进制中末尾 0 的个数是一样的。所以性质 2 也是成立的。

综上所述，可知

在开篇谜题中,三种方法构造的序列都是同一个序列,谜题中所述该序列的分形性质确实是成立的。

在"1 ← 2 智控爆炸机"一次放入 N 个点,数数其中的爆炸次数

令 $T(N)$ 表示一次将 N 个点放入一个"1 ← 2 智控爆炸机"最右边盒子后,爆炸机内总共的爆炸次数。

根据之前的讨论,我们知道总的爆炸次数和爆炸顺序无关。所以,我们可以把它想成一次放一个点,共放了 N 次后的爆炸总次数:

$$T(N) = E(1) + E(2) + \cdots + E(N)$$

序列 $\{T(N)\}$ 就是 $\{E(N)\}$ 的部分和序列。

我们再从另外一个角度来研究下 $T(N)$。

问题 13.2

假设"1 ← 2 智控爆炸机"内某个盒子里有一个点,那么之前经历了多少次爆炸才会生成这个点? ∎

这个盒子里的这个点,一定从其右边盒子中的 2 个点经过一次爆炸而成。而右边的盒子的 2 个点又是再右边盒子的 4 个点经过 2 次爆炸而成。这 4 个点肯定又是由 8 个点经过 4 次爆炸而成:

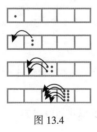

图 13.4

依此类推:

如果从右边第二个盒子开始往左数第 k 个盒子里面有一个点,那么这个点是经过

$$1 + 2 + 4 + \cdots + 2^{k-1}, \quad k > 0$$

次爆炸而成。

但在二进制中

$$1+2+4+\cdots+2^{k-1}$$

表示为 111…1。而这正是下面二进制求和的结果:

$$
\begin{array}{r}
1\,0\,0\,0\,...\,0 \\
1\,0\,0\,...\,0 \\
1\,0\,...\,0 \\
\vdots \\
+\qquad\qquad 1 \\
\hline
=\,1\,1\,1\,1\,...\,1
\end{array}
$$

事实上,对每一个给定的 N,爆炸机爆炸后每个有点的盒子对应一个特定位置的 1 (二进制中表示为 1),上面的结论都是成立的。所以我们想象成:每次向右滑动一位 (即每次去掉二进制的末位),所得结果再按二进制的加法运算求和:

50 = 110010

$$
\begin{array}{r}
1\,1\,0\,0\,1 \\
1\,1\,0\,1 \\
1\,1\,0 \\
1\,1 \\
+\qquad 1 \\
\hline
=\,1\,2\,2\,2\,4 = 1\,1\,0\,0\,0\,0
\end{array}
$$

11000 是 48 的二进制表示,所以我们得到 $T(50) = 48$。一般地,$T(N)$ 就是 N 的二进制按上述截断求和的方式所得的和。

由此,我们破解了整个开篇谜题的所有问题!

研究: **"2 ← 3 智控爆炸机"**

我们每次把一个点放入"2 ← 3 智控爆炸机"的最右边盒子,并统计每次爆炸的次数。

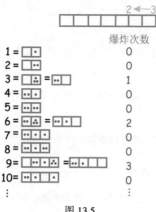

图 13.5

这样我们得到自然数的 3/2 进制表示。爆炸的次数是以下序列：

0 0 1 0 0 2 0 0 3 0 0 1 0 0 4 0 0 2 0 0 1 0 0 5 0 0 3 0 0 1 0 0 2 0 0 6 0 0 1 0 0 4 0 0 2 0 0 …

记这个序列的第 N 项为 $F(N)$。因为一个盒子里面有 3 个点才会发生爆炸，所以：

$$F(N) = 0，如果 N 不是 3 的倍数$$

（这就像在"1 ← 2 智控爆炸机"中，如果 N 不是 2 的倍数，那么 $E(N) = 0$ 一样。）如果我们考虑上面序列的非 0 项：

1 2 3 1 4 2 1 5 3 1 2 6 1 4 2 1 3 7 1 2 5 …

这个序列非常神奇！

(a) 证明：

$$F(9k) = F(6k) + 1$$
$$F(9k + 3) = 1$$
$$F(9k + 6) = F(6k + 3) + 1$$

其中 $k = 0, 1, 2, 3, …$

(b) **分形性质**（Fractal Property）：如果把上述序列的 1 去掉，得到的序列与原序列的每一项加 1 形成的序列是一样的。请证明。

(c) 解释为什么这个序列还可以按如下方法构造:

　　先设置一个无穷的空格序列;

　　首个空格放入 1, 之后每隔两个空格处放入 1;

　　从左起往右, 在第一个可用的空格内放入 2, 之后每隔两个空格处放入 2;

　　从左起往右, 在第一个可用的空格内放入 3, 之后每隔两个空格处放入 3;

　　……

(d) **作者也不知道**: 有没有像开篇谜题那样的其他构造此序列的方法? 需不需要把 0 放回去再看看?

更多类型的爆炸机

　　我们已经玩过了"1 ← 2"和"2 ← 3"智控爆炸机。现在来看一下"$b-1 ← b$智控爆炸机", 这里 b 为某个整数, 且 $b > 1$。

　　令 $G(N)$ 表示把第 N 个点放入爆炸机最右边盒子后的爆炸次数(假设之前的 $N-1$ 个点的爆炸已经结束了)。

　　我们不难得到:

$$G(N) = 0, \text{ 当 } N \text{ 是 } b \text{ 的倍数时}$$

我们只专注考虑序列 $\{G(N)\}$ 的非 0 项。我们能证明以下结论吗?

$$G(kb) = 1, \text{ 如果 } k-1 \text{ 是 } b \text{ 的倍数}$$
$$G(kb) = G\left[\left(k - \left\lceil\frac{k-1}{b}\right\rceil b\right)\right] + 1, \text{ 如果 } k-1 \text{ 不是 } b \text{ 的倍数}$$

以上递归关系能得到序列什么样的性质?

　　同样地, 如果研究"1 ← 3"、"2 ← 4"及"3 ← 5"等等爆炸机内爆炸次数, 我们能得到什么序列? 哪些性质?

面积模型

14

本章导读

用面积模型来理解实数运算中的分配律非常形象也比较有效率。本章利用面积模型，进行实数和多项式的乘法运算及整数和多项式因式分解，并通过分解生成函数解决了斯切尔曼（Sicherman）问题。

14.1 面积模型与乘法

两个数相乘的直观几何模型就是一个长方形的面积。下面是一些例子：

例 14.1

计算乘积 $(a+b)(c+d)$。　　　　　　　　　　　　■

解：构造一个 $(a+b) \times (c+d)$ 的长方形。

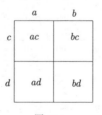

图 14.1

这显示，一个 $(a+b) \times (c+d)$ 的长方形，可以分拆为几个小区域，其面积各自为 ac, bc, ad, bd。所以我们得到 $(a+b)(c+d) = ab + bc + ad + bd$。

注：这个乘积的左边是一个和的乘积，右边是一些乘积的和。所以面积模型可以理解为：和的乘积等于乘积的和。

例 14.2

计算 216×23。　　　　　　　　　　　　■

解：我们先用面积模型求解。

	200	10	6
20	4000	200	120
3	600	30	18

图 14.2

所以，$216 \times 23 = 4000 + 200 + 600 + 120 + 30 + 18 = 4968$。我们也可用传统方法来计算：

$$
\begin{array}{r}
216 \\
\times 23 \\
\hline
648 \\
4320 \\
\hline
4968
\end{array}
$$

例 14.3

计算 216×19。 ∎

解：我们构造一个 216×19 的长方形，并计算其面积：

	200	10	6
20	4000	200	120
-1	-200	-10	-6

图 14.3

因此，$216 \times 19 = (200 + 10 + 6)(20 - 1) = 4000 + 200 + 120 - 200 - 10 - 6 = 4104$。

注：这个例子说明面积模型对负数也适用。它就是分配律的另一种表现形式。

面积模型也可以用来解释分数的乘法：两个分数相乘等于分子乘以分子和分母乘以分母。

例 14.4

计算 $\dfrac{2}{3} \times \dfrac{5}{7}$。 ∎

解：首先构造一个 1×1 的单位正方形：

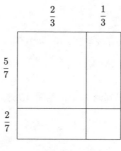

图 14.4a

然后，将之水平切成 7 等分，竖直切成 3 等分，这样得到 21 个全等的小方格，如下图所示：

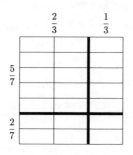

图 14.4b

现在每个小长方形代表原来单位正方形的 1/21。面积模型显示，21 个长方形中有 $5 \times 2 = 10$ 个正好对应 $\frac{2}{3} \times \frac{5}{7} = \frac{10}{21}$！这也可以理解为 21 个长方形的 $\frac{5}{7}$ 是 15 个长方形，这 15 个长方形的 2/3 是 10 个长方形，所以 $\frac{2}{3} \times \frac{5}{7} = \frac{10}{21}$。

面积模型也可以用于多项式的乘法。

例 14.5

用面积模型计算 $p(x) = (2x^2 + x + 6)(2x + 3)$。 ∎

解：构造下面的图表。

	$2x^2$	x	6
$2x$	$4x^3$	$2x^2$	$12x$
3	$6x^2$	$3x$	18

图 14.5

将各小块的面积相加得到

$$p(x) = (2x^2 + x + 6)(2x + 3) = 4x^3 + 2x^2 + 12x + 6x^2 + 3x + 18$$
$$= 4x^3 + 8x^2 + 15x + 18$$

注：特别当 $x = 10$ 时，我们就得到例 14.2 的结果 4 968。多项式乘法的一个优点就是不需要考虑"进位"。

14.2 因式分解

我们已经看到，多项式的运算可以帮助我们理解整数的运算。反过来呢？能不能通过整数的运算来得到多项式的一些信息呢？当然可以！比如，我们知道 $p(10) = 4000 +$ 800 + 150 + 18 = 4968。将 4 968 分解成素数的乘积，我们得到 $4968 = 2^3 \cdot 3^3 \cdot 23$，所以 $4968 = 216 \cdot 23 = (2 \cdot 10^2 + 1 \cdot 10^1 + 6 \cdot 10^0) \cdot (2 \cdot 10^1 + 3 \cdot 10^0)$。由此得到 $p(x)$ 的一个因式分解 $(2x^2 + x + 6) \cdot (2x + 3)$。当然，这并不是巧合！

下面的例子可以帮助我们进一步理解上述结果。

例 14.6

分解因式 $x^4 + x^2 + 1$。 ∎

解：我们先找到 N 的素数分解，$N = 10101 = 3 \times 7 \times 13 \times 37$。然后我们把 N 写为一个三位数 $\underline{abc}$ 和一个两位数 $\underline{de}$ 的乘积，比如 $10101 = 111 \times 91$。我们构造两个二次多项式 $x^2 + x + 1$ 和 $x^2 - x + 1$，所以：

	x^2	$-x$	1
x^2	x^4	$-x^3$	x^2
x	x^3	$-x^2$	x
1	x^2	$-x$	1

图 14.6

因此，我们得到一个因式分解 $x^4 + x^2 + 1 = (x^2 + x + 1)(x^2 - x + 1)$。

注：因为 $91 = 10^2 - 10 + 1$，所以构造的二次多项式是 $x^2 - x + 1$。

问题 14.1

分解因式 $f(x) = x^6 - 1$。注意 f 可以有两种方式：看作平方差或者立方差。最后得到的分解式是一样的吗？这个式子的分解可以得到哪个整数的分解？ ∎

"西蒙最喜欢的分解技巧"（Simon's Favorite Factoring Trick）是分解因式的一类有用技巧。下面有个例子，用面积模型因式分解解决。

例 14.7

设 x 和 y 都是正整数，求解方程 $x^2 + 5x^2y^2 + 20y^2 = 269$。 ∎

解：构造下面的面积模型。

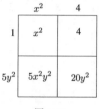

图 14.7

所以原方程两边加 4 就可以分解了！从而我们有 $x^2 + 5x^2y^2 + 20y^2 + 4 = 269 + 4 = 273$。因此

$$(x^2 + 4)(5y^2 + 1) = 273 = 3 \cdot 7 \cdot 13$$

由此得到 $x = 3, y = 2$。

问题 14.2

a, b, c 为三个整数，$a \leqslant b \leqslant c$。假设

$$abc + ab + ac + bc + a + b + c = 71$$

求 $a + b + c$ 的最小值。如果不要求 a, b, c 是整数呢？ ∎

问题 14.3

分解 $f(x, y) = x^4 - 3x^2y^2 + y^4$。$f(x, y) = 0$ 的解将平面分割成几个区域？ ∎

14.3　一些有关掷色子的问题

本节涉及集合 $\{1, 2, 3, 4, 5, 6\}$ 的加法表或者乘法表。

例 14.8

　　如果我们同时掷两个相同的色子，并求得到的两个数字之和。求这个和的概率分布。∎

解： 我们的样本空间就是集合 $\{1, 2, 3, 4, 5, 6\}$ 的加法表。表中显示两个数字之和为 2 到 12 的各种可能

表 14.1　样本的详解结果表

+	1	2	3	4	5	6
1	2	3	4	5	6	7
2	3	4	5	6	7	8
3	4	5	6	7	8	9
4	5	6	7	8	9	10
5	6	7	8	9	10	11
6	7	8	9	10	11	12

上表中有 36 个等概率的和。因此两个数字之和的概率分布就是：

2	3	4	5	6	7	8	9	10	11	12
1/36	2/36	3/36	4/36	5/36	6/36	5/36	4/36	3/36	2/36	1/36

问题 14.4

　　用面积模型计算多项式 $p(x) = x + x^2 + x^3 + x^4 + x^5 + x^6$ 的平方。$p^2(x)$ 的系数有什么规律？∎

问题 14.5　斯切尔曼问题

　　我们给两个色子的 12 个面重新标记数字，然后掷这两个新色子。有没有可能所得两个数字之和的概率分布和掷普通的两个色子是一样的？∎

　　下文的讨论能帮助读者找到标记色子的新方法。同时也可以看到多项式计数问题中的应用。如果 a_i 是我们要计数对象 i 的数量，我们把 $f(x) = a_n x^n + a_{n-1} x^{n-1} + \cdots + a_1 x + a_0$ 称为它们的**生成函数**。

一个普通的色子的展开图为：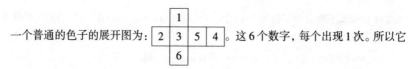。这6个数字，每个出现1次。所以它

的生成函数为 $f(x) = x+x^2+x^3+x^4+x^5+x^6$。如果我们把色子重新标记为 （图），

那么生成函数就变为 $g(x) = 2x + x^3 + 3x^5$。生成函数有什么妙用呢？秘密就在于它们的

乘法。比如我们掷上面的两个色子，要求其和的概率分布时，我们就可以用面积模型计

算 $f(x)g(x)$。列表如下：

表 14.2　随机色子的乘法结果

	x	x^2	x^3	x^4	x^5	x^6
$2x$	$2x^2$	$2x^3$	$2x^4$	$2x^5$	$2x^6$	$2x^7$
x^3	x^4	x^5	x^6	x^7	x^8	x^9
$3x^5$	$3x^6$	$3x^7$	$3x^8$	$3x^9$	$3x^{10}$	$3x^{11}$

合并同类项后，我们得到 $f(x)g(x) = 2x^2 + 2x^3 + 3x^4 + 3x^5 + 6x^6 + 6x^7 + 4x^8 + 4x^9 + 3x^{10} + 3x^{11}$。注意到它的系数之和为36，这和我们之前得到的36个等概率结果是一样的（假定我们可以区分第二个色子的两个1和三个5）。

因为两个普通色子的生成函数的乘积为

表 14.3　普通色子生成函数的乘积表

	x	x^2	x^3	x^4	x^5	x^6
x	x^2	x^3	x^4	x^5	x^6	x^7
x^2	x^3	x^4	x^5	x^6	x^7	x^8
x^3	x^4	x^5	x^6	x^7	x^8	x^9
x^4	x^5	x^6	x^7	x^8	x^9	x^{10}
x^5	x^6	x^7	x^8	x^9	x^{10}	x^{11}
x^6	x^7	x^8	x^9	x^{10}	x^{11}	x^{12}

即 $[p(x)]^2 = x^2 + 2x^3 + 3x^4 + 4x^5 + 5x^6 + 6x^7 + 5x^8 + 4x^9 + 3x^{10} + 2x^{11} + x^{12}$。所以，寻找一对有新标记的色子，它们的数字之和与普通色子两个数字之和有相同的概率分布，

这意味着生成函数的乘积也为 $[p(x)]^2$。所以我们只需把 $[p(x)]^2$ 分解成不同的两个因式的乘积就可以了！

前面我们已经知道 $x^4 + x^2 + 1$ 有个漂亮的分解，即

$$x^4 + x^2 + 1 = (x^2 - x + 1)(x^2 + x + 1)$$

因此 $x^6 + x^5 + x^4 + x^3 + x^2 + x = x^2(x^4 + x^2 + 1) + x(x^4 + x^2 + 1)$。于是

$$
\begin{aligned}
&(x^6 + x^5 + x^4 + x^3 + x^2 + x)^2 \\
&= (x^2(x^4 + x^2 + 1) + x(x^4 + x^2 + 1))^2 \\
&= (x(x+1))^2 (x^4 + x^2 + 1)^2 \\
&= x^2(x+1)^2(x^2 - x + 1)^2(x^2 + x + 1)^2 \\
&= x(x+1)(x^2 + x + 1) \times x(x+1)(x^2 + x + 1)(x^2 - x + 1)^2 \\
&= (x^4 + 2x^3 + 2x^2 + 1) \times (x^8 + x^6 + x^5 + x^4 + x^3 + x)
\end{aligned}
$$

这就告诉我们可以按以下方法分别标记两个色子：

图 14.8

这就解决了斯切尔曼问题！

注：更一般地，我们可以定义一个序列 $\{a_n\}$ 的**生成函数**为：

$$f(x) = \sum_{k=0}^{\infty} a_k x^k = a_0 + a_1 x + a_2 x^2 + \cdots$$

我们可以从这个函数中得到关于序列 $\{a_n\}$ 的诸多有用信息。

14.4 一个数字方格谜题

问题 14.6

把 2, 4, 5, 6, 8, 9 这 6 个数字填入下面乘法表的字母处，每个数字正好填一次，如图 14.9 所示。

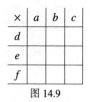

图 14.9

填完后，再计算相应的乘积，并填入乘法表中对应的空格。现在把所有的乘积全部加起来求和，这个"和"的最大值是多少？　∎

这 6 个数字之和是 34。我们可以把这个乘法表看成是一个 $A \times B$ 的长方形。其中 A 是左侧数字之和，B 是顶部数字之和。比如，如果 $a = 4, b = 5, c = 6, d = 2, e = 8, f = 9$，那么我们的长方形就是图 14.10 所示的 $(4 + 5 + 6) \times (2 + 8 + 9) = 15 \times 19$ 的长方形。

	4	5	6
2	8	10	12
8	32	40	48
9	36	45	54

图 14.10

现在就不难发现，这个乘法表中的元素之和就是这个 15×19 长方形的面积。实际上，如果 a, b, c, d, e, f 换成其他数字也是一样的，它是一个长宽之和是 34 的长方形。所以，如果长是 $17 + x$，那么宽就是 $17 - x$。

	17	x
17	289	$17x$
$-x$	$-17x$	$-x^2$

图 14.11

计算其面积得到 $17^2 - x^2$，显然最大值就是当 $x = 0$ 时，面积为 $17^2 - 0^2 = 289$。图 14.12 给出了一个示例，说明这个最大值确实可以是 289。

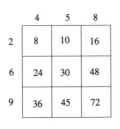

图 14.12

14.5 扩展练习

1. 令 $a_n = n$，$b_n = (-1)^n$，且它们各自的生成函数为 $f(x)$ 及 $g(x)$。令 $h(x) = f(x)g(x)$，求 $h(x)$ 的前 6 项。

2. 伊丽莎白有三个质地均匀的色子。一个色子的 6 个面分别标记数字 1, 1, 2, 2, 3, 3，另外一个色子的 6 个面分别标记数字 2, 2, 4, 4, 6, 6，还有一个色子 6 个面分别标记数字 1, 1, 3, 3, 5, 5。她同时掷这三个色子。三个色子的数字之和为奇数的概率有多大？如果每种类型有两个色子，一次掷这 6 个色子呢？

3. 伊丽莎白有如下三个转盘：

图 14.13

用多项式乘法求转动三个转盘所得数字之和的概率分布，完成下表：

表 14.4　三个转盘概率分布表

4	5	6	7	8	9	10	11

4. 从 9 张不同的卡片中随意抽取 2 张卡片，共有 $C_9^2 = 36$ 种不同的方式。有没有可能给这 9 张卡片都标上数字（不一定是整数），使得随机抽取 2 张卡片，其数字之和为 $k \in \{2, 3, 4, 5, 6, 7, 8, 9, 10, 11, 12\}$ 的概率 $p(k)$ 正好是：

$$p(k) = (6 - |k - 7|) \div 36$$

5. 有三个框子，分别装有 2 个一样的红色球，2 个一样的绿色球，3 个一样的蓝色球。从中选 4 个球，有多少种不同的方式？

6. 6 个男生和 8 个女生相约去登山。每个男生要么不折花要么折 2 朵花，每个女生要么不折花要么折 3 朵花。最后这 14 个人一共折了 20 朵花，请问总共有多少种不同的折花方式？（例如，男生编号为 1～6，女生编号为 1～8，1 号男生折 2 朵花，5～6 号男生不折花，1～6 号女生各折 3 朵花，7～8 号女生不折花，总共折了 20 朵花，就是一种折花方式。）

7. 求三个转盘数字和的生成函数。

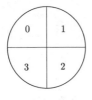 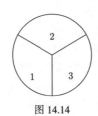 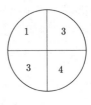

图 14.14

用多项式乘法求三个转盘数字和的概率分布，完成下表：

表 14.5　用多项式乘法得出的概率分布表

2	3	4	5	6	7	8	9	10

令 x, y 和 z 分别表示第一个、第二个和第三个转盘的数字，求 $x+y+z$ 为偶数的概率。

8. 考虑下面的数字乘法表：

表 14.6　9×9 数字乘法表

×	1	2	3	4	5	6	7	8	9
1	1	2	3	4	5	6	7	8	9
2	2	4	6	8	10	12	14	16	18
3	3	6	9	12	15	18	21	24	27
4	4	8	12	16	20	24	28	32	36
5	5	10	15	20	25	30	35	40	45
6	6	12	18	24	30	36	42	48	54
7	7	14	21	28	35	42	49	56	63
8	8	16	24	32	40	48	56	64	72
9	9	18	27	36	45	54	63	72	81

(a) 求表中乘积为奇数的个数，并求这些奇数的和。

(b) 求表中乘积为 3 的倍数的个数，并求它们的和。

(c) 求表中乘积为 4 的倍数的个数，并求它们的和。

(d) 求表中乘积为 6 的倍数的个数，并求它们的和。

(e) 如果 p 是一个奇素数，构造一个 $p^2 \times p^2$ 乘法表，表的最左列和最上一排均是 1 到 p^2 的整数，表中共有 p^4 个元素。上面的乘法表是 $p = 3$ 的特例。

　　(I) p^4 个元素中，有多少个是 p 的倍数？

　　(II) 上问中那些 p 的倍数之和是多少？

(f) 如果 N 表示乘法表中 81 个元素的乘积，那么将 N 表示为 $(a!)^b$ 的形式，其中 a 和 b 均为正整数。令 M 表示乘法表中 56 个偶数的乘积。将 M 表示为 $2^a (9!)^b (4!)^c$ 的形式，a, b, c 均为正整数。

9.（乘法回文数的问题）注意到

$$46 \times 96 = 69 \times 64$$

以及

$$24 \times 63 = 36 \times 42$$

求所有的两位数对 $\underline{ab}$ 和 $\underline{cd}$ 使得

$$\underline{ab} \times \underline{cd} = \underline{dc} \times \underline{ba}$$

　　我们假定 $a \leqslant b$，且 $\underline{ab}$ 是 4 个数中最小者。我们也假定这 4 个数至少包含 3 个不同的数字，所以不会出现像 $11 \times 22 = 22 \times 11$ 的情况。

10.（勾股回文数问题）注意到

$$14^2 + 87^2 = 78^2 + 41^2$$

具有回文的特征。求所有的两位数 $\underline{ab}$，$a \neq b$，使得存在另一个两位数 $\underline{cd}$，其中 a, b, c, d 至少有三个不同的数字，满足

$$\underline{ab}^2 + \underline{cd}^2 = \underline{dc}^2 + \underline{ba}^2$$

11. 用 2, 4, 6, 8, 5, 9 这 6 个数字，每个数字只用一次，构造两个三位数使得它们的乘积最大。用这 6 个数字构成的两个三位数，最小的乘积是多少呢？

12. 用 1, 3, 5, 7, 9 这 5 个数字，每个数字用且只用一次，构造两个数使得它们的乘积最大。构成的两个数最小可能的乘积是多少呢？

13. 考虑下面 9×9 的正方形：

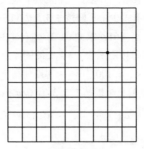

图 14.15

求所有以图中的点为右下角顶点的长方形个数（注：长方形顶点都是图中格点，下同）。用同样的思想求图中所有长方形的个数。只画其斜边，能画出多少个直角三角形？

14. 令 S 表示 10 的所有因子的和，则 $S = 1 + 2 + 5 + 10 = 18$。令 P 表示 10 的所有因子的乘积，则 $P = 1 \cdot 2 \cdot 5 \cdot 10 = 100$。对 100，1 000，1 000 000 求其各自的 S 和 P。[提示：S 是否可看成某个长方形的面积？]

15. 如果 n 是一个一位数，我们规定 $P(n)$ 就等于 n。如果 n 不是一位数，那么我们规定 $P(n)$ 是其各位数字的乘积。比如，$P(50) = 0$，$P(56) = 30$ 等。计算 $P(10) + P(11) + \cdots + P(99)$。

16. 考虑一个由 60 个单位小正方体组成的 $3 \times 4 \times 5$ 长方体。这个长方体包含多少个小长方体？[提示：体积模型，可以先考虑 $2 \times 2 \times 2$ 或者 $3 \times 3 \times 3$ 的情况。比如，$2 \times 2 \times 2$ 的长方体包含有 27 个小长方体。]

17. 对任意一个正整数 n，令 $p(n)$ 等于 n 的各位非零数字之和（如果 n 只有一位数，那么规定 $p(n) = n$）。令 $S = p(1) + p(2) + p(3) + \cdots + p(999)$。求 S 的最大素因子。

18. 令 S 是素数集合 $\{2, 3, 5, 7, 11\}$。对 S 的任何一个非空子集 T，令 $P(T)$ 表示 T 中所有元素的乘积。如果 T 中只有一个数，那么 $P(T)$ 就等于那个数。显然 S 一共有 31 个子集 T，求全部 31 个 $P(T)$ 之和。

19. 如果 p 和 q 是非 0 整数，有多少个有序对 (p, q) 满足方程 $2pq + 2p + 3q = 18$？

20. 一个边长都是整数的长方形，该长方形不是正方形。其面积的 2 倍等于其周长的 3 倍。求其面积。

21. 求 90 和 100 之间（含 90 和 100）的正整数 n，它不能写为 $n = a + b + ab$，其中 a 和 b 都是正整数。

22. A, M, C 为三个正整数，而且满足 $A > M > C$ 及 $A + M + C = 12$。如果 $AMC + AM + AC + CM = 71$，求 A 的最大值？

23. 如果 $x^5 + 5x^4 + 10x^3 + 10x^2 - 5x = 9$ 且 $x \neq 1$，求 $(x + 1)^4$ 的值。

24. 求方程 $m^3 + n^3 + 99mn = 33^3$，$mn > 0$ 的整数解 (m, n)。[提示：考虑 $x^3 + y^3 + z^3 - 3xyz = \frac{1}{2} \cdot (x + y + z) \cdot [(x - y)^2 + (y - z)^2 + (z - x)^2]$。]

25. $(9^6 + 1)$ 等于三个素数的乘积，求这个三个素数中最大的那个。

26. 从 1 到 2310 的整数中，有多少个正好被 2, 3, 5, 7, 11 这 5 个素数中的某三个整除？

27. 如果正整数 xy 满足 $x^2 = y^2 + 61$，求 $x(x + 2) + y(y + 3)$。

28. 方程 $xy + 3x + 2y = 0$ 的图像可由函数 $y = k/x$ 的图像向左平移及向下平移得到，求 k。

29. 有多少个整数对 $(x, y), 1 < x < 100, 1 < y < 100$ 使得 $xy - x - y$ 是 5 的倍数？

30. 如果 $x^4 + ax^2 + bx + c = 0$ 的三个根是 1, 2, 3，计算 $a + c$ 的值。

31. 实数 x 和 y 满足方程 $x - y = 1$ 及 $x^5 - y^5 = 2016$。计算 $\dfrac{x^5 + y^5}{x + y} - (x^4 + y^4)$。

32. 有多少对正整数 (a, b) 使得 $\dfrac{1}{a} - \dfrac{1}{b} = \dfrac{1}{143}$？

33. 实数 a, b, c, d 满足 $ab + 3a + 3b = 216$；$bc + 3b + 3c = 96$；$cd + 3c + 3d = 40$。求 $ad + 3a + 3d$ 的最大值。

因子

15

本章导读
本章研究自然数因子的一些性质，比如因子的个数、构造及几何性质等。

15.1 引言

设 N 是一个给定的正整数，如果 N/d 是一个整数，那么我们称 d 是 N 的一个因子（也称"因数"），记为 $d \mid N$。比如 $2 \mid 6$，$12 \mid 36$ 等。我们用 D_N 来表示 N 的所有正因子，比如 $D_6 = \{1, 2, 3, 6\}$。本章有 4 个部分，第一部分，我们利用一个整数的素数分解找到其所有因子的个数。第二部分，我们用矩阵构造一个整数的所有因子。第三部分，我们讨论因子的几何性质。第四部分为扩展练习。

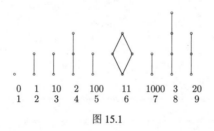

0	1	10	2	100	11	1000	3	20
1	2	3	4	5	6	7	8	9

图 15.1

先思考一下，上面图中的线段及第一排的数字如何表示自然数 1 ~ 9？

15.2　自然数 N 的因子个数

我们先看一个例子。

例 15.1

求自然数 72 的因子的个数。　　　　　　　　　　　■

解：为了找到 72 因子的个数，我们将它进行素数分解：$72 = 2^3 3^2$。72 的每个因子一定形如 $d = 2^i 3^j$，其中 $0 \leqslant i \leqslant 3$，$0 \leqslant j \leqslant 2$。不然的话 $2^3 3^2 / d$ 就不可能是一个整数（这是由算术基本定理保证的）。对于指数 i 有 4 种选择，对于指数 j 有 3 种选择，所以 72 的因子的个数总共有 $4 \cdot 3 = 12$ 个。

一般地，我们有：

> 对于任意自然数 N，如果
>
> $$N = p_1^{e_1} p_2^{e_2} \cdots p_k^{e_k}$$
>
> 那么 N 的因子的个数为
>
> $$\prod_{i=1}^{k} (e_i + 1) = (e_1 + 1)(e_2 + 1) \cdots (e_k + 1)$$

15.3　构造 N 的全部因子

上一部分，我们给出了求自然数 N 的因子 D_N 个数的公式。这一节我们将全部的因子 D_N 列出来。我们还是从 N 的素数分解开始。假设 $N = p_1^{e_1} p_2^{e_2} \cdots p_k^{e_k}$。$k = 2$ 的情形比较容易。我们可以通过一个表格，顶部是 p_1 的全部幂，最左边是 p_2 的全部幂。然后表中各项均是相应的交叉乘积，这样我们就得到一个 $(e_1 + 1) \cdot (e_2 + 1)$ 的因子矩阵。还是以 $N = 72$ 为例，我们构造因子矩阵如下：

	2^0	2^1	2^2	2^3
3^0	1	2	4	8
3^1	3	6	12	24
3^2	9	18	36	72

图 15.2

如果 N 的素数因子不止两个呢？对于 $k = 3$，我们可以构造 $e_3 + 1$ 个因子矩阵。比如对于 $N = 360 = 2^3 3^2 5$，我们可以构造两个 3×4 的因子矩阵，一个是针对 5^0，一个针对 5^1。结果如下：

5^0	2^0	2^1	2^2	2^3
3^0	1	2	4	8
3^1	3	6	12	24
3^2	9	18	36	72

5^1	2^0	2^1	2^2	2^3
3^0	5	10	20	40
3^1	15	30	60	120
3^2	45	90	180	360

图 15.3   图 15.4

依此类推，对于 $k > 3$，我们可以构造多个类似的矩阵。

15.4 全部因子 D_N 的几何

为了研究 D_N 的几何性质，我们首先研究"整除关系"。因为对于正整数 a 和 b，$a|b$ 意味着 b/a 是一个正整数。整除关系"|"有几个很重要的性质，我们列举对本文讨论最重要的三个性质：

1. 自反性：对于任意正整数 a，我们有 $a|a$；

2. 反对称性：对于任意两个正整数 a, b，如果 $a|b$ 且 $b|a$，那么 $a = b$；

3. 传递性：对任意三个正整数 a, b, c，如果 $a|b$ 及 $b|c$，那么 $a|c$。

这些性质都比较容易证明。第一个性质是说每个正整数都是它自身的因子，即：a/a 是一个整数。第二性质是说没有两个不同的正整数，彼此是对方的因子。这显然是对的，一个大的数不可能是一个小的数的因子。第三个性质是因为 $b/a \cdot c/b = c/a$，而两个正整数的乘积也是一个正整数，所以 c/a 是个正整数，从而 c 是 a 的一个因子。

集合 S 上的一个关系"$\leq$"如果满足上述三条，我们就把这个集合称为"偏序集"，记为 $(S, \leq)$。偏序集是离散数学的一个重要内容。

每一个有限偏序集都有一个唯一的有向图表示。这种图示化的表示就是我们所谓的 D_N 的几何。构造一个偏序集 $(S, \leq)$ 的有向图表示可以这样进行：把 S 中每个元素都作为一个顶点，然后在关系"$\leq$"中看如果有 $a \leq b$，那么就在从顶点 a 到顶点 b 做一个有向边。在我们的整除关系中，如果有 $a|b$，我们就在 a 和 b 之间连一个箭头（方便起见，我们这里连一条线段即可）。对于 D_6，因为整除关系满足前面说的三个性质，所以 D_6 是偏序集。我们就可以作出图 15.5。

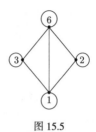

图 15.5

　　每个顶点处有一个圈。这些圈也是这个有向图的一部分，因为每个顶点都是自身的因子。虽然我们画的是线段，但读者应该能理解每个线段都是朝上方的一个箭头（这才是有向图）。我们可以不用画圈，也不用箭头，这样的简化图形称为"哈斯图"（Hasse Diagram）。D_6 的哈斯图如下：

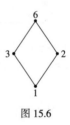

图 15.6

　　下面我们依次给出 D_{72}, D_{30}, D_{60} 的哈斯图。

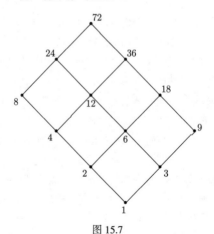

图 15.7

对于 30，它有 3 个素因子，看成 3 个方向。1 乘以 2，我们到左上方 (↖) 方向；1 乘以 3，我们到达上方 (↑)；1 乘以 5，我们到达右上方 (↗)。

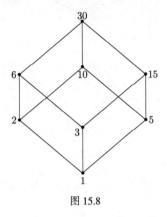

图 15.8

在图 15.8 中，如果有两个顶点 a, b 满足 $a|b$，当且仅当有从顶点 a 开始有一个向上的路径（边）到达顶点 b。比如 $1|30$，$(1, 3), (3, 15), (15, 30)$ 就是 D_{30} 图中一个从顶点 1 到顶点 30 的向上路径。另一方面，因为 2 和 15 是互不整除的，我们称它们在 D_{30} 中是不可比较的。的确从顶点 2 到顶点 15 是没有一个向上路径的。

对于自然数 60 呢？同样的方法，我们可以构造 D_{60} 的哈斯图如下：

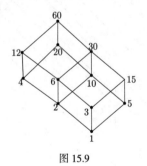

图 15.9

至于 210 的哈斯图，情况有所不同了。因为 210 有 4 个素因子。我们可以有多种方法来画 D_{210} 的哈斯图。下面我们介绍两个方法。

第一种方法：我们把 210 的素因子都放在一个水平面上，我们得到图 15.10。

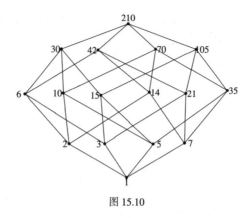

图 15.10

第二种方法，我们把它画成两个相互连接的长方体，如图 15.11 所示。

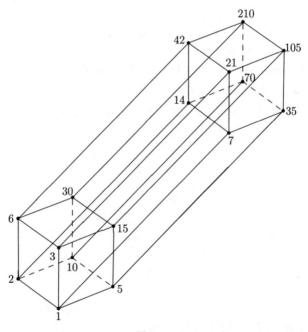

图 15.11

以上两个哈斯图都是四维空间的一个长方体。这不意外，因为 D_{30} 的哈斯图就已经是一个三维空间的长方体，而 D_{210} 比 D_{30} 多一个素因子 7，就多了一个维度。上面两个图虽然形状不一样，但它们两者的顶点和边之间有一个一一对应，所以数学家说这两个图是同构的。

> **问题 15.1**
>
> 注意到在 D_{210} 中，有 16 个顶点，32 条边。你能找到一个自然数 N，使得它的 D_N 是一个五维的长方体，并且有 $2^5 = 32$ 个顶点，$2 \cdot 32 + 16 = 80$ 条边吗？ ∎

哈斯图的一个应用就是求两个自然数的最大公因子 GCD 及最小公倍数 LCM。注意到 D_N 的每个元素都生成一个向下的锥（因子）及一个向上的锥（倍数）。我们分别记为 $F(d)$ 和 $M(d)$。我们可以得到：$\mathrm{GCD}(d,e) = \max\{F(d) \cap F(e)\}$ 及 $\mathrm{LCM}(d,e) = \min\{M(d) \cap M(e)\}$。

15.5 扩展练习

下面的问题来自多个渠道，包括 MATHCOUNTS 和 AMC。

1. $3\,600$ 有多少个 3 位数的因子？

2. 小于 50 的自然数中，有多少个自然数的因子个数是奇数？

3. （开锁问题）一个高中有编号为 $1 \sim 1000$ 的锁，有编号 $1 \sim 1000$ 的学生。一开始锁是锁上的，然后编号为 1 的学生打开每一个锁，编号为 2 的学生关掉所有编号为偶数的锁，编号为 3 的学生改变所有编号为 3 的倍数的锁的状态，编号为 4 得学生改变编号为 4 的倍数的锁的状态，依此类推直到编号为 1000 的学生改变编号为 1000 的锁的状态。问这时哪些锁是锁上的？

4. 如果 N 是某个自然数的立方，下面哪个数可能是 N 的因子个数？
   (A) 200　　(B) 201　　(C) 202　　(D) 203　　(E) 204

5. 令 $N = 69^5 + 5 \cdot 69^4 + 10 \cdot 69^3 + 10 \cdot 69^2 + 5 \cdot 69 + 1$ 有多少个正整数是 N 的因子？
   (A) 3　　(B) 5　　(C) 69　　(D) 125　　(E) 216

6. 一个老师一次投了 4 个均匀的色子，并宣读这 4 个色子数的和 S 及乘积 P。学生们根据 S 及 P 来确定 4 个色子数（不分顺序）。求一对 (S,P) 使得色子数有不止一种可能的结果。（例：$(S,P) = (11,32)$，那么 4 个色子数一种可能的结果是 $\{1,2,4,4\}$。）

7. 自然数 $N = 2^3 \cdot 3^3 \cdot 5^3 \cdot 7^3 \cdot 11^3$ 的全部因子中有多个正好有 12 个因子？

8. 方程 $xy + x + y = 199$ 有多少组正整数解 (x,y)？

9. 小于 400 的自然数中有多少自然数正好有 6 个正因子？

10. 4 个不同的正整数 a, b, c, d 的乘积正好是 8!，且满足：

$$ab + a + b = 391$$
$$bc + b + c = 199$$

求 d。

11. 30 的倍数中有多少个正好有 30 个因子？

12. 求 13! 的奇数因子的个数。

13. 求正好有 60 个因子的最小正整数。

14. (2008 Purple Comet) 求各位数字之积为 9! 的最小正整数。

15. (1996 AHSME) 如果 n 是一个正整数，且 $2n$ 正好有 28 个因子，$3n$ 正好有 30 个因子，那么 $6n$ 正好有多少个因子？

16. 求 $N = 2^2 \cdot 3^3 \cdot 5^4$ 的所有因子之和。

17. (2010 MATHCOUNTS, Q7) 求 6^3 所有因子的乘积 P，并将 P 表示为 6^t 的形式，其中 t 为整数。

18. 求 15 999 的所有素数因子之和。

19. 求最大的 10 位数，其各位数字均不相同，且能被 11 整除。

20. (2011 MATHCOUNTS, Q25) 集合 $\{a, b, c, d, e\}$，$a < b < c < d < e$，任意两个元素之和组成的集合为 $\{5, 9, 10, 13, 14, 18, 20, 21, 25, 29\}$，求 c 的值。

21. (2011 MATHCOUNTS, Q8) 在小于 2 011 的正整数中，有多少个数不能表示为两个整数的平方差？

22. 已知 12 和 15 均是自然数 N 的因子，且 N 正好有 16 因子，求 N。

23. 在 30 的倍数中，有多少个数正好有 3 个素因子且正好有 60 个因子？

24. 正整数 n 满足 $100 \leqslant n \leqslant 1\,000$，且 n 有相同数量的奇数因子和偶数因子，这样的 n 有多少个？

25. $N = \sqrt{25^{64} \cdot 64^{25}}$ 的十进制表示中各位数字之和等于多少？

26. 27! 最少去掉多少个因子，剩下的乘积为一个完全平方？

27. 欧几里得（Euclid）选了一个正整数 n，然后让他的其他几个数学家朋友猜这个数。阿基米德（Archimedes）猜测 n 是 10 的倍数；欧拉（Euler）猜测 n 是 12 的倍数；费马（Fermat）猜测 n 是 15 的倍数；高斯（Gauss）猜测 n 是 18 的倍数；希尔伯特（Hilbert）猜测 n 是 30 的倍数。如果几个人的猜测中正好有两个人是对的，那么是哪两个人呢？

28. $9! = 362\,880 = 2^7 \cdot 3^4 \cdot 5 \cdot 7$ 有 $(7+1)(4+1)(1+1)(1+1) = 160$ 个因子，包括 1 和它本身。

    (a) 这 160 个因子中，有多少个是奇数?

    (b) 这 160 个因子之和等于多少?

    (c) 如果把这 160 个因子按从大到小的顺序排成一个序列，那么第 12 项是哪个因子?

29. 6 可以有两种方式写为几个连续正整数的和：$6 = 6$ 和 $6 = 1 + 2 + 3$。7 也有两种方式写为几个连续正整数的和，但 8 只有一种方式。5 005 有多少种方式写为连续正整数的和?

30. 求 $3\,600, 5\,005, 6^{10}$ 它们各自的因子之和及因子的倒数和。

31. N 是两个素数的乘积。除 N 本身外，N 的其他正因子之和等于 $2\,014$，求 N。

32. 令正整数 N 的所有因子的集合为 $D(N)$。d 为从 $D(N)$ 中随机抽取的一个元素。如果 $P(d \le 8) = 3/17$，求 N 除以 $1\,000$ 的余数。

33. 假定 $a_{10} = 10$，且对于每个 $n > 10$ 有 $a_n = 100 a_{n-1} + n$。求 a_n 除以 99 的余数。

34. 求大于 200，且能表示为两个数的平方和的最小素数 p。

35. 求小于 100，且正好有 12 个因子的所有正整数之和。

36. 求 $3^{14} + 3^{13} - 12$ 的最大素因子。

37. 求使得 $n^3 + 100$ 能被 $n + 10$ 整除的最大的正整数 n。

38. 我们把自然数的不等于 1 和它本身的正因子称为其"真因子"。一个大于 1 的自然数称为"好的"，如果它等于它所有真因子之积。求前 10 个"好的"自然数之和。

39. 从 10^{99} 的正因子中随机选取一个，这个正因子是 10^{88} 的倍数的概率为 m/n。如果 m/n 为最简分数，求 $m + n$。

40. 求小于 10，且化简为最简分式后，分母为 30 的所有有理数之和。

41. 令 $n = 2^{31} 3^{19}$。n^2 的正因子中有多少个小于 n 但又不整除 n?

数字、数位、位数与位值

16

本章导读

　数字、数位、位数与位置值（位值）无疑是算术中最基本的概念。中小学教师和学习者都应该深入理解。本章将讲解一些有关数字、数位和位值的例题，并提供丰富的相关习题。

16.1 一些问题和例题

问题 16.1

　你任选一个三位数，将它乘以 7，所得结果再乘以 11，然后所得结果再乘以 13。请解释你得到的结果。　　　　　　　　　　　　　　　　　　　　∎

例 16.1

　求一个四位数 $\underline{abcd}$，将它乘以 9 后，各位数字翻转。即找到 $0, 1, \cdots, 9$ 中的 4 个数字 a, b, c, d，使得：

$$9 \cdot \underline{abcd} = \underline{dcba}$$

（字母下面的横线表明它们是一个数，字母在不同数位上，不是几个字母相乘。）　　∎

解： 我们将一个数字一个数字地推导。首先 $a = 1$，不然的话 $9 \cdot \underline{abcd} \geqslant 9 \cdot 2000 = 18000$，这就是个五位数而不是题目要求的四位数。因此 $a = 1$，所以我们推出 $d = 9$。现在方程变为：

$$9 \cdot \underline{1bc9} = \underline{9cb1}$$

我们可以写为十进制位置值形式：

$$9 \cdot (1009 + 100b + 10c) = 9001 + 100c + 10b$$

利用分配律打开括号，我们得到：

$$9081 + 900b + 90c = 9001 + 100c + 10b$$

化简后

$$80 + 890b = 10c$$

　　因为等式的右边 $10c$ 最多是 90（c 是 $0, 1, \cdots, 9$ 中的一个数字），所以我们判定 $b = 0$，进而知道 $c = 8$。因此，$\underline{abcd} = 1089$ 是唯一一个这样的四位数。

问题 16.2

　　再思考一下这个神奇的数 1089，兴许能给我们更多启示。将 1089 进行素数分解，这个素数和十进制数有什么关系？ ∎

例 16.2

　　在 b 进制中，什么样的四位数和十进制的 1089 一样，乘以 $(b-1)$ 后能够翻转？ ∎

解： 在 b 进制数中，像十进制的 1089 的数是 $N = \underline{10(b-2)(b-1)}$。$N$ 的值为：$b^3 + (b-2)b + b - 1$。将之乘以 $b-1$，我们得到 $b^4 - 2b^2 + 1$。就如十进制，1089 乘以 $10 - 1 = 9$ 翻转成 9801 一样，在 b 进制中我们有：

$$
\begin{aligned}
(b-1) \times \underline{10(b-2)(b-1)} &= (b-1) \times (b^3 + (b-2)b + b - 1) \\
&= b^4 - 2b^2 + 1 \\
&= b^4 - b^3 + b^3 - 2b^2 + 1 \\
&= (b-1)b^3 + (b-2)b^2 + 1
\end{aligned}
$$

在 b 进制中，这正是 $\underline{(b-1)(b-2)01}$。

问题 16.3

　　十进制的数 $2178 = 2 \cdot 1089$，乘以某个数字后，是否也能翻转呢？ ∎

问题 16.4　神奇的 1089

　　选一个你喜欢的两位数，翻转它得到另一个两位数（此处翻转就是指十位变个位，个位变十位）。然后两个数中较大者减去较小者，会得到什么结果？用一个三位数试试。比如 742，翻转得到 247，两个数中较大者减去较小者得到

742 – 247 = 495。把这个差值与其翻转后的数 594 相加，你得到什么？再计算 1089 乘以 9，1089 · 9 = 9801。1089 乘以 9 后翻转了！这两个性质之间有关联吗？ ∎

例 16.3

找到一个六位数 $abcdef$，使得它的个位数 f 变成首位数后，新的数比原来的数大 5 倍。也就是说，求解 $5 \cdot abcdef = fabcde$。 ∎

解：我们先看看一个六位数的最右边的数字移到最左边后的变化。比如对于 123 456，我们有 612345 = 600000 + 12345，而 123456 = 123450 + 6 = 12345 · 10 + 6。用代数中常用的方法，令 $x = 12345$，我们有 $123456 = 10x + 6$ 且 $612345 = 6 \cdot 10^5 + x$。那么本题的题设就是：$5(10x + 6) = 6 \cdot 10^5 + x$。当然 123456 并不满足此方程，原来的末位数也不一定是 6，我们假设是 f。所以用 x 替换 $abcde$ 后，原来的 6 个未知数变为 2 个了！

$$5 \cdot (10x + f) = f \cdot 10^5 + x.$$

打开括号和移项后，我们可得 $50x + 5f = 10^5 + x$，也就是 $49x = (10^5 - 5)f = 99995f$。两边约掉公因子 7 进一步得到 $7x = 14285 \cdot f$。现在可以看出左边是 7 的倍数，而右边 14285 不是 7 的倍数，所以由算术基本定理可知 f 必是 7 的倍数。而 f 是一个数字，所以它就是 7。而 x 必是 14285。

例 16.4

假设 a, b, c, d 为 4 个数字。两个四位数 $abcd$ 和 $dabc$ 之和为 6017。求所有满足此条件的四位数 $abcd$。 ∎

解：令 $x = abc$，那么 $abcd = 10x + d$ 且 $dabc = 1000d + x$。所以两数之和为：$10x + d + 1000d + x = 11x + 1001d = 6017$。试一试 d 的值就可以得到全部解：$d = 1, x = 456$；$d = 2, x = 365$；$d = 3, x = 274$；$d = 4, x = 183$。对于 $d > 4$ 的其他值，x 都不会是一个三位数。所以全部解就是 4 个。

取整函数 $(\lfloor \rfloor)$ 表示不超过 x 的最大整数，而 $\langle x \rangle = x - \lfloor x \rfloor$ 表示 x 的小数部分。比如，$\lfloor \pi \rfloor = 3$，$\langle \pi \rangle = \pi - 3$；$\lfloor -\pi \rfloor = -4$，$\langle -\pi \rangle = -\pi - (-4) = 4 - \pi$。对任何实数，我们均有：$x = \lfloor x \rfloor + \langle x \rangle$。比如 $3.15 = 3 + 0.15 = \lfloor 3.15 \rfloor + \langle 3.15 \rangle$。

例 16.5

设 N 是一个四位数，且 $N' = \langle N/10 \rangle \cdot 10^4 + \lfloor N/10 \rfloor$。如果 $N - N' = 3105$，求所有可能的 N。 ∎

解：令 $N = \underline{abcd}$，那么 $\langle N/10 \rangle = \langle \underline{abc.d} \rangle = 0.d$。因此 $10000 \cdot \langle N/10 \rangle$ 可以写为 $1000d$。另一方面 $\lfloor N/10 \rfloor = \lfloor \underline{abc.d} \rfloor = \underline{abc}$，所以 $N' = \underline{dabc}$。同前一个例子，$x = \underline{abc}$，则方程 $10x + d - (1000d + x) = 3105$ 可化简为 $9x - 999d = 3105$。两边除以 9 得到 $x - 111d = 345$。注意 $x \geqslant 100$，我们可得到全部的 6 个解：

$$d = 0 \Rightarrow x = 345, N = 3450$$
$$d = 1 \Rightarrow x = 456, N = 4561$$
$$d = 2 \Rightarrow x = 567, N = 5672$$
$$d = 3 \Rightarrow x = 678, N = 6783$$
$$d = 4 \Rightarrow x = 789, N = 7894$$
$$d = 5 \Rightarrow x = 900, N = 9005$$

例 16.6

考虑下面等式

$$1 \times 8 + 1 = 9$$
$$12 \times 8 + 2 = 98$$
$$123 \times 8 + 3 = 987$$
$$1234 \times 8 + 4 = 9876$$
$$\cdots\cdots$$

按上面的规律写出接下来的几个等式，并且证明每一个都可从上面一步得到。 ■

解：接下来的几个等式分别是：

$$12345 \times 8 + 5 = 98765$$
$$123456 \times 8 + 6 = 987654$$
$$1234567 \times 8 + 7 = 9876543$$
$$12345678 \times 8 + 8 = 98765432$$
$$123456789 \times 8 + 9 = 987654321$$

假设左边等式的那个数的个位为 d，我们有：

$$\underline{12\cdots d} \times 8 + d = (\underline{12\cdots (d-1)0} + d) \times 8 + d$$
$$= \underline{12\cdots (d-1)0} \times 8 + 8d + d$$
$$= 10(\underline{12\cdots (d-1)} \times 8) + 9d$$

$$= 10(\underline{12\cdots(d-1)} \times 8) + 10(d-1) + (10-d)$$
$$= 10(\underline{12\cdots(d-1)} \times 8 + d - 1) + (10-d)$$
$$= 10(\underline{987\cdots(10-d+1)}) + (10-d)$$
$$= \underline{987\cdots(10-d+1)}0 + (10-d)$$
$$= \underline{987\cdots(10-d+1)(10-d)}$$

实际上我们还可以往下写，下一个等式是：

$$(1234567890 + 10) \times 8 + 10 = 9876543210$$

16.2 扩展练习

1. 考虑下面的数：

$$N = 123456789101112\cdots 5960$$

它是把从 1 到 60 按顺序写成的一个数。这个数共有多少位？删除掉 N 中的 100 个数字能得到的最大数是什么？能得到的最小数呢？

2. 如果自然数 n 是一个一位数数字，令 $S(n) = n$。如果 $n \geqslant 10$，令 $S(n)$ 是其各位数字之和。试回答下面的问题：

(a) 求满足 $S(n) = 2005$ 的最小自然数 n。将你的答案写成指数形式。

(b) 有多少个五位数 n 满足 $S(S(n)) + S(n) = 50$？（更难：满足这个条件的六位数有多少个呢？）

(c) 有多少个自然数 n 满足 $S(S(S(n))) + S(S(n)) + S(n) = 100$？如无解，请说明原因。

(d) (2007 AMC12A) 求满足方程的 $S(S(n)) + S(n) + n = 2007$ 所有自然数 n。

(e) (2019 AIME) 考虑下面的整数：

$$N = 9 + 99 + 999 + 9999 + \cdots + \underbrace{99\cdots 99}_{321\,位}$$

求 N 的各位数字之和。

(f) (2007 NC-SMC) 求 $S(1) + S(2) + \cdots + S(2007)$。

(g) 有无可能 $S(a)$ 和 $S(a+1)$ 都是 49 的倍数？为什么？

(h) 求一个自然数 n 使得 $S(n) = 2S(n+1)$。对哪些自然数 k，方程 $S(n) = kS(n+1)$ 有整数解吗？

(i) 求满足 $n = 7S(n)$ 的最大自然数 n。

(j) 求满足 $S(S(n)) \geqslant 10$ 的最小自然数 n。

(k) 求满足 $S(S(n)) \geqslant 100$ 的最小自然数 n。

(l) 求满足 $S(n^2) = 27$ 的最小自然数 n。

(m) 求满足 $n = 3(S(n))^2$ 的所有三位数 n。

(n) 求满足 $n = 34S(n)$ 的所有自然数 n。

(o) 令 N 表示满足 $N + S(N) + S(S(N)) = 99$ 的最小自然数。求 $S(N)$。

(p) 求 $S(10^{2017} - 2017)$。

(q) 是否存在一个正整数 K，使得方程 $n = KS(n)$ 有三位数的整数解，也有四位数的整数解？[这个是一个尚未解决的公开问题。]

(r) 解方程: (a) $n + S(n) + S(S(n)) = 2019$ 和 (b) $n + S(n) + S(S(n)) + S(S(S(n))) = 2019$。

3. 如果 n 是一个一位数数字，令 $P(n) = n$。如果 $n \geqslant 10$，令 $P(n)$ 是其各位数字之积。$S(n)$ 的定义同上题。试回答以下问题：

(a) 求一个满足方程 $n = P(n) + S(n)$ 的自然数 n。该方程有多少解？

(b) 求一个满足方程 $P(n) + S(n) = 100$ 的自然数 n。

(c) 求一个满足方程 $P(n) + S(n) = 1000$ 的自然数 n。

(d) 求满足 $n = S(n) \cdot P(n)$ 的两个三位数 n。

(e) 求一个满足下列两个条件的自然数 N:
   - $N = 3P(N) + 19S(N)$
   - $N = 5P(N) + 3S(N)$

(f) 求满足 $P(n) \cdot S(P(n)) = 1000$ 的最小自然数 n。

(g) 求一个满足 $n = 9P(n)$ 的自然数 n。

(h) 求一个满足 $n = 5P(n)$ 自然数 n。

(i) 一个 n 位数 N 满足:
   - $P(N) = 300$;
   - $S(N) = 18$;
   - $Q(N) = 76$, 这里 $Q(N)$ 表示 N 各位数字的平方和。
   求 n。

(j) 令 $R_i = \underline{111\cdots1}$, 这里共有 i 个 1。令 $N = \sum_{i=1}^{100} R_i$。求 $S(N)$。

4. 令 T 表示所有 100 位数的十进制整数的集合。$S(n)$ 和 $P(n)$ 的定义见第 2 题和第 3 题。

(a) 总共有多少个十进制 100 位数? 也就是说求集合 T 元素的个数。

(b) 在集合 T 中, 72 倍数的最大元素是什么?

(c) 在集合 T 中, 72 倍数的最小元素是什么?

(d) 集合 T 中是 72 倍数的元素记为 n, 求 $S(n)$ 的最大值。

(e) 对下面的每个 k 值, 求 T 中的 k 最大的和最小的倍数。

$k = 77, k = 91, k = 75, k = 37$

5. 一个三位数 $\underline{abc}$ 的三个数字 a, b, c 做一个全排列, 一共可以得到 6 个数。求所有的三位数 m, 它正好等于把它的三个数字全排列得到的 6 个数字的算术平均值。

6. 注意到 $4^2 = 16, 34^2 = 1156, 334^2 = 111556, \cdots$。找到这个规律, 并证明它。

7. 求由正好 3 个数字组成, 且是 11 的倍数的最大五位数。

8. 有多少个小于 1 000 的正奇数, 其各位数字之积正好是 252?

9. 已知 a, b 为两个数字, 且 $\underline{29a031} \cdot 342 = \underline{100900b02}$, 求 $a + b$。

10. 一个两位数 N, 它不是 10 的倍数, 但它是它的各位数字之和的 k 倍。交换 N 的个位和十位数得到的数是其各位数字之和的 m 倍。求 $k + m$。

和堆方块有关的一些问题

17

本章导读

　　将一些小的单位立方体（以下简称"小立方体"）摆放成一个大的长方体或者其他立体图形，这类看起来简单，动手又容易的活动能产生很多非常有趣的问题。本章将在这个问题上做深入研究，美国数学竞赛 AMC、MATHCOUNTS 等赛事命制了不少相关的高质量的原创题目。

17.1　一个可视方块的问题

问题 17.1

　　假设有一个 $n \times n \times n$ 的大立方体是由 n^3 个小立方体堆成，从这个大立方体的某个角落看过去，你能看见多少个小立方体？　　■

　　这是一个很好的活动，请找一些大小相同的立方体，具体摆一下，看一看。对 $n = 1, 2, 3, 4$，你应该能得到下表：

表 17.1　立方体边长与体积、可见块数的关系表

大立方体的边长 n	小立方体的总数 n^3	可以看见的小立方体个数
1	1	1
2	8	7
3	27	19
4	64	37

　　那么对于 $n = 5, 6, \cdots$ 呢？这个表接下来是什么规律？先想一下。

　　我们用记号 $G(n)$ 表示从一个边长为 n 的立方体一个角看过去，能看见的小立方体的个数。所以，$G(1) = 1, G(2) = 7, G(3) = 19, G(4) = 37, \cdots$。注意到 $\{G(n)\}$ 相邻两项的差：$G(2) - G(1) = 6; G(3) - G(2) = 19 - 7 = 12; G(4) - G(3) = 37 - 19 = 18$，它们都是 6 的倍数！如果一个数列的连续差商是一个常数，那么我们可以用一个多项式来生成这个数列。对于这个数列 $\{1, 7, 19, 37, \cdots\}$ 来讲，它的二阶差商为常数。所以，我们猜想 $G(n)$

是一个二次多项式：$G(n) = an^2 + bn + c$。因为我们知道 $G(1) = 1, G(2) = 7, G(3) = 19$，因此不难得出：

$$G(n) = 3n^2 - 3n + 1$$

解决这个问题的另外一个思路：我们在原来的表格中增加一列，该列为看不见的立方体个数。

表 17.2　立方体边长与体积可见块数不可见块数的关系表

立方体的边长 n	单位立方体方块的总数 n^3	看不见的方块数	看得见的方块数
1	1	0	1
2	8	1	7
3	27	8	19
4	64	27	37

从上表中，我们可以看出：为了计算看得见的小立方体个数，我们可以先计算看不见的小立方体个数！而看不见的小立方体个数是 $(n-1)^3$！因此，我们得到：

$$G(n) = n^3 - (n-1)^3 = n^3 - (n^3 - 3n^2 + 3n - 1) = 3n^2 - 3n + 1$$

这个问题还没有完，探究一下这些系数。

问题 17.2

公式 $G(n) = 3n^2 - 3n + 1$ 中的系数 $3, -3, 1$，与这个数方块的问题有什么关系？ ∎

假设我们能看见的三个面为 A, B, C，也可以看成三个集合。每个单位立方体是一个元素，那么每个集合都有 n^2 个元素。它们是两两相交的。$A \cap B, A \cap C, B \cap C$ 是这个立方体的边。因此，每个交集含有 n 个元素。三个面 A, B, C 相交，也就是 $A \cap B \cap C = ABC$ 是这个立方体的一个角，它包含一个元素。因此我们有：

$$|A \cup B \cup C| = |A| + |B| + |C| - |AB| - |AC| - |BC| + |ABC| = 3n^2 - 3n + 1$$

这个计数方法就是著名的容斥原理。

17.2 一个着色问题

问题 17.3

如果我们把大立方体外表着上颜色，它的全部 n^3 个小立方体中，有多少个小立方体有一面被染上了色？对于边长为 n 的立方体，着了色的小立方体个数是 n 的一个多项式吗？如果是，它的系数能告诉我们什么？ ∎

［提示：我们也可以列一个表格。

表 17.3 立方体边长与立方体总数、有颜色块数的关系表

立方体的边长 n	小立方体的总数 n^3	有颜色的小立方体个数
1	1	1
2	8	8
3	27	26
4	64	56

我们可以再列出没有染上色的小立方体个数来找到规律。我们也可以利用容斥原理。请读者自行完成。］

例 17.1 $3 \times 3 \times 3$ 变色立方体问题

有 27 个没有着色的小立方体，能否将每个小立方体的 6 个面涂上红色、蓝色或白色三种颜色之一，使得全部 27 个小方块涂完色后，你能组装出一个 $3 \times 3 \times 3$ 的立方体，其外表全是红色，或者全是蓝色，或者全是白色，能做到吗？ ∎

解：这里的解答是从迪克·斯坦利（Dick Stanley）那儿听到的，我们应该感谢他。我们先抛出结论：这个着色问题是可行的，有解的！

我们需要着色的面共有 $27 \cdot 6 = 162$ 面。而最后要形成外观全是红色的 $3 \times 3 \times 3$ 的立方体，我们需要对 $6 \cdot 9 = 54$ 个单位面涂上红色。同理，蓝色和白色也一样。我们以红色为例。每个涂了红色的面最后必须出现在那个外观全是红色的 $3 \times 3 \times 3$ 的立方体的外表面。这就意味着，只有一个小方块，就是这个 $3 \times 3 \times 3$ 立方体最中间的那个看不见的小立方块，没有一面是红色的。同理，也只有一个小立方块没有一面是白色的，也只有一个小立方块没有一面是蓝色的。这三个小立方块的表面只有两种颜色，而且是恰有三个面是同一个颜色，另外三个面是另一种颜色。它们都形如：

	x		
x	x	y	y
	y		

，其

中 x 代表是一种颜色，y 代表另一种颜色。它们不可能形如：

		x		
x	y	y	y	
		x		

想一想，

为什么？在一个外表全是红色的 3×3×3 立方体中，没有白色面和没有蓝色面的这两个小方块会出现在立方体的两个角。而其他 6 个角，除了三面是红色的外，其他三面一定有两种颜色。这只可能是两个面一个颜色，第三个面另一个颜色。类似地，对外表全是蓝色和白色的，也有这样的 6 个小方块。我们用字母 a 和 b 表示 1 或 2，列表总结如下：

表 17.4　3×3×3 变色立方体问题着色方案示意表

n	R	W	B
1	3	3	0
1	3	0	3
1	0	3	3
6	3	a	b
6	a	3	b
6	a	b	3

这样，我们就确定了 21 个小立方体的着色方案，只需要确定剩下的 6 个小立方体的着色方案就好了。但这 6 个小立方体不可能有三面都是同一种颜色的。想想为什么？这意味着这 6 个小立方体每一个相邻的两个面都是同一种颜色（它们是用在立方体各条边中间的那个方块）。所以，完整的着色方案如下表：

表 17.5　3×3×3 变色立方体问题完整着色方案列表

n	R	W	B
1	3	3	0
1	3	0	3
1	0	3	3
3	3	1	2
3	3	2	1
3	1	3	2
3	2	3	1
3	1	2	3
3	2	1	3
6	2	2	2

下面的着色方案也是可行的。

表 17.6 3×3×3 变色立方体问题另一种可行的着色方案表

n	R	W	B
1	3	3	0
1	3	0	3
1	0	3	3
6	3	1	2
6	2	3	1
6	1	2	3
6	2	2	2

注：这个问题只是更一般问题的一个特例。一般的三维问题是：

问题 17.4

　　有 n^3 个小立方体，给每个小立方体的 6 个面涂上 $1,2,3,\cdots,n$ 种颜色当中的一种或多种（当然最多 6 种，也就是每个面都不同色），使得对每种颜色 $i \in \{1,2,3,\cdots,n\}$，都可以把着色后的 n^3 个小立方体堆放成外表全是颜色 i 的 $n \times n \times n$ 立方体。　■

　　要解决这个问题，我们其实不一定从 27 个小立方体开始，我们可以从更简单的情形开始，比如 8 个立方体，涂上两种颜色。使得你可以重新组装成两个外表都是一种颜色的立方体。这个问题简单多了，不是吗？只需每个小方块相邻的三面都是一种颜色即可。

　　当然，我们还可以把维数降低，比如讨论二维平面问题：

问题 17.5

　　有 n^2 个正方形，给每个正方形的 4 条边涂上 $1,2,3,\cdots,n$ 种颜色当中的一种或多种（当然最多 4 种，也就是每个边都不同色），使得对每种颜色 $i \in \{1,2,3,\cdots,n\}$，都可以把着色后的 n^2 个正方形重新拼装成 4 条边全是颜色 i 的一个 $n \times n$ 的大正方形。　■

　　我们甚至还可以把问题的维数继续降低，比如讨论一维线性问题：

问题 17.6

　　有 n 条单位线段，给每条线段的两端涂上 $1,2,3,\cdots,n$ 种颜色当中的一种或多种（当然最多 2 种，也就是每个端点都不同色），使得对每种颜色 $i \in \{1,2,3,\cdots,n\}$，都可以把着色后的 n 条单位线段重新连接成两端点颜色都是颜色 i 的一条长度为 n 的线段。　■

有多种方法解决上面的三个问题。目前我们所知的最容易的方法是求一维线性问题的一般解。然后我们可以用这个一般解来求其他问题的解。

一维线性问题的解

这个问题等价于我们要给 n 个长度为 1 的区间 $[0,1]$, $[1,2]$, $\cdots$, $[n-1,n]$ 的端点都涂上颜色 $1,2,3,\cdots,n$ 中的一种或两种颜色，使得对每种颜色 $i \in \{1,2,3,\cdots,n\}$，都有一个这些区间的重排列，使得构成的新的大区间的两端点都是相同的颜色 i。我们先给编号为 0 和 n 的端点涂上颜色 1，然后将 $[0,1]$ 的右端点以及 $[1,2]$ 区间的左端点涂上颜色 2。依此类推：$[k-1,k]$ 的右端点和区间 $[k,k+1]$ 的左端点涂上颜色 $k+1$，这里 $k=1,2,\cdots n-1$。显然，我们能重排列这些区间，使得重排后的大区间端点都是颜色 i!这就是一维线性问题的一个解。

二维平面问题的解

我们以 $3^2 = 9$ 个正方形的情况来演示求解方法。对于 n 个正方形的一般情况同理可得。首先我们找到 $n=3$ 的一维线性问题的任意两个解。比如，解 (a)：

$$\overset{1}{\bullet}\rule[0.5ex]{1.5em}{0.4pt}\overset{2}{\bullet} \qquad \overset{2}{\bullet}\rule[0.5ex]{1.5em}{0.4pt}\overset{3}{\bullet} \qquad \overset{3}{\bullet}\rule[0.5ex]{1.5em}{0.4pt}\overset{1}{\bullet}$$

和解 (b)：

现在，我们用上面的两个解来给正方形按下图着色：

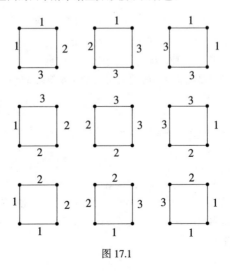

图 17.1

注意，着色规则是小正方形的竖直边是按照解 (a) 方案着色，即：第一列左边着色 1，第一列右边着色 2，第二列的左边着色 2，第二列的右边着色 3，第三列的左边着色 3，第三列的右边着色 1；而小正方形的水平边是按照解 (b) 来着色的，即：第一行上边着色 1，第一行下边着色 3，第二行的上边着色 3，第二行的下边着色 2，第三行的上边着色 2，第三行的下边着色 1。

我们也可以用线性情况类似地推导得到上述解：把整个大正方形的四边都着色 1，然后把第一列整体移到最右边，把最下面的一行移到最上面，得到一个新的 3×3 正方形，其四边都未着色。我们可以将这四边着色 2。然后又将第一列移到最右边，把最下面的一行移到最上面，又得到一个新的 3×3 正方形，其四边都未着色。将这四边着色 3。完成了！

> 试着解决 4×4×4 的情形：有 64 个未着色的单位立方体小方块，将每个小方块的 6 个面都着上红、蓝、白、绿色 4 种颜色之一，使得全部 64 个小方块着完色后，你可以组装 4 个 4×4×4 的大立方体，其外表分别是 4 种颜色之一。

17.3 其他一些问题

打孔的问题

例 17.2

一个 5×5×5 的立方体由 125 个单位立方体小方块组成。图中的点表示打孔的位置，这个空要打穿。当这些打了孔的立方体全部去除后，将立方体剩余部分浸入一个染缸染色。然后将之分解成一个个单位小方块。随机选取一个单位小方块，并像掷色子一样投掷一次。求投掷后小方块向上的一面是染了色的概率。

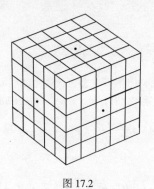

图 17.2

解：因为打孔而移除的小方块有 $5+4+4=13$ 个。剩下的立方体的表面积为 $6 \cdot 25 - 6 + 8 \cdot 4 = 176$。而剩下小方块的总共有 $(125-13) \cdot 6 = 672$ 个面，所以出现染色面的概率为 $176/672 = 11/42$。

色子的问题

例 17.3

有一个立方体色子，6 个面分别用 $1 \sim 6$ 六个数字标记。比如，像普通色子一样可以是如下标记：

	1		
2	3	5	4
	6		

然后将一个顶点相邻三个面的数字乘起来得到一个乘积，这样总共有 8 个乘积。令 T 表示这 8 个乘积之和。T 有可能是一个素数吗？求 T 的最大值。 ∎

解：下图可以帮助我们解决这个问题：

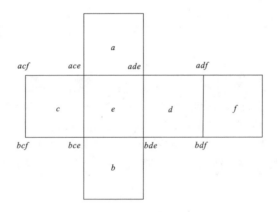

图 17.3

假设 a 是顶部数字，我们写下顶部 4 个顶点对应的乘积之和：$acf + ace + ade + adf$。再记下底部 4 个顶点对应的乘积之和：$bcf + bce + bde + bdf$。注意到：

$$acf + ace + ade + adf = a(cf + ce + de + df) = a(c+e)(d+f)$$

且

$$bcf + bce + bde + bdf = b(cf + cd + de + df) = b(c+e)(d+f)$$

所以

$$T = (acf + ace + ade + adf) + (bcf + bce + bde + bdf)$$
$$= (a + b)(c + d)(e + f)$$

所以 T 不可能是素数。接下来我们证明 T 的最大值为 343。由均值不等式我们知道，当 $(a + b) = (c + d) = (e + f)$ 时，它们的乘积取得最大值。所以，当 $a = 1, b = 6, c = 3, d = 4, e = 2, f = 5$ 时，T 有最大值 $7^3 = 343$。

17.4 扩展练习

1. 一个 $n \times n \times n$ 的立方体有 n^3 个单位立方体小方块组成。这个立方体内小方块之间的接触面都黏合在一起。每一个面需要 1 个单位的黏合剂。问总共需要多少单位的黏合剂？[提示：考察 $n = 1, 2, 3, 4, 5, 6$ 的情况。]

2. 一个 $3 \times 3 \times 3$ 的立方体，把它切割成 27 个单位立方体小方块。最少需要切几刀？如果大正方体是 $4 \times 4 \times 4$ 呢？

3. 上面的问题是下面这个问题的特例。如果有一个由 abc 个单位立方体黏合在一起形成的 $a \times b \times c, a \leqslant b \leqslant c$ 的长方体。至少需要切几刀，才能把这个长方体还原为 abc 个单位立方体？[提示：我们可以把这个难题先简化为 $a = b = 1$ 的情况，然后列个表。

表 17.7 长方体大小与所切次数的关系表

$1 \times 1 \times c$	需要切的次数
1	0
2	1
3	2
4	2
⋮	⋮
n	?

试试能否找到规律。]

4. 一个由单位正方形组成的 $a \times b, a \leqslant b$ 的长方形，四边都被染上色。如果没有任何一条边被染上色的单位正方形的个数正好等于有某一条边被染上色的单位正方形个数，求所有可能的整数对 (a, b)。如果是区间的情况呢？即：一个由 a 个单位区间组成的一个大区间 $[0, a]$，如果两个端点 0 和 a 都被染上色。假如有一个端点被染色的单位区间个数正好等于没有一个端点染色的单位区间个数，求 a。

5. 一个由单位立方体小方块组成的 $a \times b \times c, a \leqslant b \leqslant c$ 的长方体外表面都染上色。如果没有一个面被染色的单位立方体个数正好等于有个面被染上色的单位正方体个数，求所有可能的整数对 (a, b, c)。

6. 假设一个由单位立方体组成的 $n \times n \times n$ 的立方体的外表面都染上红色。从这 n^3 个单位立方体中随机选取一个，然后像投色子一样投掷一次。求呈现红色面的概率。[提示：这个概率肯定和 n 有关，试一试 $n = 1, 2, 3$ 的情况，然后证明你的猜想。]

7. 这是上面一个问题的推广。假设一个由单位立方体组成的 $a \times b \times c$ 的长方体的外表面都染上红色。然后从这 abc 个单位立方体中随机选一个，像投色子一样投掷一次，那么，有无可能呈现面是红色的概率正好是 2/7？

8. 一个由单位立方体组成的 $a \times b \times c, a < b < c$ 的长方体的外表面都染上红色。然后从这 abc 个单位立方体中随机选一个，像投色子一样投掷一次，呈现面是红色的概率正好是 2/9。这个长方体的体积最小是多少？

9. 一个由 n^3 个单位立方体组成的一个大正方体的两个不相邻的面被染上红色，其余 4 个面被染上黑色。令 R 表示有个面是红色的单位正方体个数，B 表示有个面是黑色的单位正方体个数，且 $B - R = 390$，求 n。

10. (2008 MATHCOUNTS) 一个 $12 \times 12 \times 12$ 的立方体由一个 $10 \times 10 \times 10$ 的立方体和一些 $2 \times 2 \times 2$ 的立方体组成。需要多少个 $2 \times 2 \times 2$ 的立方体？（更一般的情形，可讨论一个 $(n+2)(n+2)(n+2)$ 的立方体由一个 $n \times n \times n$ 的立方体及一些 $2 \times 2 \times 2$ 的立方体组成，求需要多少个 $2 \times 2 \times 2$ 立方体。和 n 的奇偶性有关吗？）

11. 一个 $3 \times 3 \times 3$ 的立方体形状的芝士，由 27 单位立方体形状的小芝士组成。这 27 个单位立方体形状的小芝士中，有 14 个深色的小芝士，另外 13 个是浅色的小芝士。这 27 个单位立方体形状的小芝士没有两种同样的芝士共面（就像平面的国际象棋棋盘那样）。有只老鼠开始吃这个大芝士，假设它吃完一个小芝士后，总是开始吃其相邻的小芝士（相邻是指有公共面）。有没有可能这只老鼠最后吃掉的一个小芝士正好是原大芝士正中心的那个小芝士？

12. 一个正方形可以分成 4 个小正方形。一个正方形也可以分成 7 个或者 9 个小正方形。求最大的整数 N，使得一个正方形不能拆分成 N 个小正方形。

13. 假设你有无限多个红色和蓝色的单位立方体小方块，你可以组装多少个种外表颜色不同（大小不论）的立方体？如果有无限个三种颜色的单位立方体呢？

14. 鲍勃和安玩一个游戏。有 8 个白色的单位立方体小方块。安如果可组装一个外观全是白色的 $2 \times 2 \times 2$ 立方体，她赢得游戏。但是鲍勃先有机会将 $8 \cdot 6 = 48$ 个面中的 4 个染上颜色。谁会赢得这个游戏？

(a) 在一个 $3 \times 3 \times 3$ 的游戏中，鲍勃至少要给多少个面染色才能确保赢安？

(b) 在一个 $4 \times 4 \times 4$ 的游戏中，鲍勃至少要给多少个面染色才能确保赢安？

(c) 在一个 $2 \times 3 \times 4$ 的游戏中，鲍勃至少要给多少个面染色才能确保赢安？

15. 一个 $n \times n \times n$ 的立方体由 n^3 个单位立方体小方块组成。我们这里定义空间中的一条"线"为连接这个立方体中 n 个单位立方体中心的线段。这样的"线"共有多少条？〔想想二维的情况。〕

16. 假如一个 $n \times n \times n$ 的木质立方体有些面被染上红色，有些面被染上黑色，然后这个立方体被切成 n^3 个单位立方体小方块。如果有红色面的单位立方体小方块个数正好比有黑色面的单位立方体小方块多 200。有多少个单位立方体小方块每一面都没被染色？

17. (2004 Purple Comet) 一个 $n \times n \times n$ 的立方体由 n^3 个单位立方体小方块组成。如果大立方体的最外两层的单位立方体小方块都移除掉，剩下的单位立方体个数超过原来的一半，求最小可能的整数 n。

18. 下图的 $5 \times 5 \times 5$ 立方体由 125 个单位立方体组成。图中点的位置是打孔的位置。当这些孔都被打穿后（所穿过的那些小方块都随之移除），还剩下多少个单位立方体小方块？

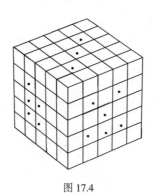

图 17.4

熔化的点

18

本章导读

前面有一章为"智控爆炸机"，本章利用类似的思想讨论实数在不同进制中的表示，比如负进制、无理数进制、斐波那契进制等。下文使用了不同的称呼，把爆炸机内点的爆炸称为"熔化"，而把反爆炸称为"爆炸"。通过本章也可以看出，即使在同一个问题上，数学家们的研究视角也会有所不同。正因为这样，数学这颗参天大树才一直枝繁叶茂、生机勃勃。

18.1 引言

位值是算术中的一个基本概念，理解位值原理有助于深入理解算术及代数。本章讨论几种不同的表示实数的方法。我们首先从我们通常使用的十进制数开始，把通常的一个十进制数表示为其他进制的数。这有点类似"学了第二种语言后才能更深入理解自己的语言"。我们先讨论实数的五进制表示。之后我们再讨论一般的 b 进制。我们将会看到，b 可以是负整数，也可以是无理数。

18.2 位值原理

一个整数，比如 4273 表示 $4000 + 200 + 70 + 3$。它实际上是一些 10 的幂的倍数之和。即

$$4273 = 4 \cdot 10^3 + 2 \cdot 10^2 + 7 \cdot 10^1 + 3 \cdot 10^0$$

这些 10 的幂的倍数，$4 \cdot 10^3, 2 \cdot 10^2, 7 \cdot 10^1, 3 \cdot 10^0$，罗杰·豪（Roger Howe）称之为"位置值"，本书（本章作者莱特教授）称之为"原子"。比如，$4 \cdot 10^3$ 就是一个原子。

我们如果知道了这些原子之间的算术运算，再加上乘法对加法的分配律，我们就可以对一般的十进制数进行运算了。因为这些原子之间的运算非常便捷，使得大约 1200 年才传入欧洲的"位置值"很快就超越了当时已经根深蒂固的罗马数字系统。我们来看一个例子。

例 18.1

求 $23 \cdot 41$。　　　　　　　　　　　　　　　　　　　　　　　　　■

解： 首先我们把这些数字都写成"位置值"———个一个原子的形式，$23 = 20 + 3, 41 = 40 + 1$。于是我们有：

$$23 \cdot 41 = (20 + 3) \cdot (40 + 1)$$
$$\overset{1}{=} (20 + 3)40 + (20 + 3)1$$
$$\overset{2}{=} 20 \cdot 40 + 3 \cdot 40 + 20 \cdot 1 + 3 \cdot 1$$
$$\overset{3}{=} 2 \cdot 10 \cdot 4 \cdot 10 + 3 \cdot 4 \cdot 10 + 2 \cdot 10 \cdot 1 + 3 \cdot 1$$
$$\overset{4}{=} 8 \cdot 10^2 + 12 \cdot 10 + 2 \cdot 10 + 3 \cdot 10^0$$
$$\overset{5}{=} 8 \cdot 10^2 + (10 + 2) \cdot 10 + 2 \cdot 10 + 3 \cdot 10^0$$
$$\overset{6}{=} 8 \cdot 10^2 + 1 \cdot 10^2 + 2 \cdot 10 + 2 \cdot 10 + 3 \cdot 10^0$$
$$\overset{7}{=} 9 \cdot 10^2 + 4 \cdot 10 + 3 \cdot 10^0$$
$$\overset{8}{=} 943$$

以上的运算中，我们在第 $1, 2, 5$ 步都用到了分配律，当然在第 4 步和第 7 步也用到两个数字之间的加法和乘法运算。

现在我们来看十进制数和其他 b 进制数之间的转化。这就意味着我们要把一些 10 的幂的倍数之和重新写为一些 b 的幂的倍数之和。方便起见，我们接下的先以 $b = 5$ 为例。同样的道理也适合 b 为其他数的情况。反之我们也可以把与一个 b 进制的数表示为一个十进制的数。

2113_5 的下标 5 表示这个数是五进制数。不带下标的数我们就约定是一般的十进制数。对于 2113_5，我们把它写成一些 5 的方幂之和：

$$2113_5 = 2 \cdot 5^3 + 1 \cdot 5^2 + 1 \cdot 5^1 + 3 \cdot 5^0 = 250 + 25 + 5 + 3 = 283$$

一般地，如何把一个十进制数表示为一个五进制数呢？通常由两种方法：重复减法和重复除法。两种方法各有优势。

18.3 重复减法与重复除法

重复减法

下面的例子演示如何应用重复减法来将一个十进制数转化为五进制数。

例 18.2

将 283 转化为五进制数。 ∎

解：首先将不超过 283 的 5 的幂列出来，它们是：

$$5^0 = 1, 5^1 = 5, 5^2 = 25, 5^3 = 125$$

将 283 减去 5 的最大的幂，我们得到

$$283 = 125 + 158$$

然后再从剩下的数（这里是 158）中减去不超过这个数的 5 的最大的幂，于是得到

$$283 = 125 + 158 = 125 + 125 + 33$$

依此类推：

$$33 = 25 + 8$$

$$\cdots\cdots$$

把上面的过程写出来就是：

$$
\begin{aligned}
283 &= 125 + 158 \\
&= 125 + 125 + 33 \\
&= 125 + 125 + 25 + 8 \\
&= 125 + 125 + 25 + 5 + 3 \\
&= 2 \cdot 5^3 + 1 \cdot 5^2 + 1 \cdot 5^1 + 3 \cdot 5^0
\end{aligned}
$$

这就是我们需要的结果：5 的一些幂之和。从而我们有 $283 = 2113_5$。

重复减法的方法比较贴近进制的定义，容易理解，并且某些时候，比如后面的斐波那契进制中也有明显的计算优势。

重复除法

我们也可以通过重复除法的方法找到一个数的五进制表示。每一步我们要记录除法所得的余数。具体如下：首先将 283 除以 5，我们得到 $283 \div 5 = 5 \cdot 56 + 3$，商为 56，余数为 3（余数需小于 5）。然后我们继续把商除以 5 得到 $56 = 5 \cdot 11 + 1$。重复这个除法，直到商小于 5 为止。然后我们将各步所得余数 3, 1, 1, 2 倒着写就得到 2113_5，这就是 283 的五进制表示。我们把这个过程归纳为下面的例子，从中也可以看出为什么这些余数最后应该倒序写。

例 18.3 重复除法

验证 $283 = 2113_5$。 ■

解：

$$283 = 5 \cdot 56 + 3$$
$$= 5(5 \cdot 11 + 1) + 3$$
$$= 5(5(5 \cdot 2 + 1) + 1) + 3$$
$$= 5(5 \cdot 5 \cdot 2 + 5 \cdot 1 + 1) + 3$$
$$= 5 \cdot 5 \cdot 5 \cdot 2 + 5 \cdot 5 \cdot 1 + 5 \cdot 1 + 3$$
$$= 2 \cdot 5^3 + 1 \cdot 5^2 + 1 \cdot 5^1 + 3 \cdot 5^0$$
$$= 2113_5$$

重复除法的优势在于它的计算效率很高，也可以用于其他情形比如欧几里得算法。

18.4 重复减法与重复乘法

重复减法

前面一节，我们看到了两种方法把一个十进制的数表示为其他进制的数。现在我们来看小数。小数也可以用位置值来表示，比如十进制小数 5.234，也可表示为一些 10 的幂之和的形式。不过这里的幂是负整数：

$$5.234 = 5 \cdot 10^0 + 2 \cdot 10^{-1} + 3 \cdot 10^{-2} + 4 \cdot 10^{-3}$$

同样地，对于五进制的数，我们也可以表示为 5 的一些幂之和：

$$0.124_5 = 1 \cdot 5^{-1} + 2 \cdot 5^{-2} + 4 \cdot 5^{-3}$$
$$= \frac{1}{5} + \frac{2}{25} + \frac{4}{125} = \frac{25 + 10 + 4}{125}$$
$$= \frac{39}{125}$$

和整数的情况类似，对于转化不同进制的小数，我们也有两种方法：重复减法和重复乘法。每种方法也都各有优势。

例 18.4

将十进制分数 $\dfrac{39}{125}$ 转为为五进制小数。 ■

解：应用重复减法。首先列出 5 的

$$5^{-1} = 1/5, 5^{-2} = 1/25, 5^{-3} = 1/125, \cdots$$

减去这些幂中最大的，得到

$$39/125 - 1/5 = 14/125$$

因此

$$39/125 = 1/5 + 14/125$$

重复这个减法。注意到 $1/25 = 5/125$，所以

$$14/125 - 1/25 = 9/125$$

从而

$$14/125 = 1/25 + 9/125$$

从以上可以得出

$$\frac{39}{125} = \frac{1}{5} + \frac{1}{25} + \frac{1}{25} + \frac{4}{125}$$

依此类推，$4/125 - 1/125 = 3/125$ 等等，实际上，此时应该能看出：

$$\frac{39}{125} = \frac{1}{5} + \frac{1}{25} + \frac{1}{25} + \frac{1}{125} + \frac{1}{125} + \frac{1}{125} + \frac{1}{125}$$

$$= 1 \cdot 5^{-1} + 2 \cdot 5^{-2} + 4 \cdot 5^{-3}$$

$$= 0.124_5$$

重复乘法

重复乘法在计算上要快很多，从下面的例子可以看出来。

例 18.5

用重复乘法求 39/125 的五进制表示。 ■

解：应用重复乘法，我们需将 $\frac{39}{125}$ 乘以 5，所得分数化为整数部分和分数部分：

$$\frac{39}{125} \cdot 5 = \frac{39 \cdot 5}{25 \cdot 5} = \frac{39}{25} = 1 + \frac{14}{25}$$

所以 $39/125 = 0.1 \cdots_5$。将所得分数部分再乘以 5，再分成整数部分：

$$\frac{14}{25} \cdot 5 = \frac{14}{5} = 2 + \frac{4}{5}$$

因此 $39/125 = 0.12\cdots_5$。依此类推,一直到分数部分为 0 为止,对本例就是 $\frac{4}{5}\cdot 5 = 4+0$。每一步的整数部分就是五进制中相应的数位值,本例我们得到:$\frac{39}{125} = 0.124_5$。

当然,并不是所有的有理数都有一个有限的五进制表示(就是说若干步后的分数部分为 0)。这时我们可以借用循环小数的思想,比如对于 $\frac{1}{3}$ 的二进制表示,我们利用重复乘法:

$$\frac{1}{3}\cdot 2 = 0+\frac{2}{3},\ \frac{2}{3}\cdot 2 = 1+\frac{1}{3}$$

我们看到同样的分数 $\frac{1}{3}$ 又出现了。$\frac{1}{3}$ 的二进制表示的第一位和第二位分别为 0 和 1。所以我们有

$$\frac{1}{3} = 0.01\cdots_2$$

又因为接下来 01 又会继续出现,所以这会是一个循环小数 $0.01010101\cdots$。我们可以写为 $0.0\dot{1}_2$。如果一个分数是这种循环小数的情况,它实际上可以写为一个无穷的几何级数之和。对本例就是:

$$2^{-2}+2^{-4}+2^{-6}+\cdots$$

对于这种无穷的几何级数有一个著名的公式

$$a+ar+ar^2+ar^3+\cdots = \frac{a}{1-r}$$

对于 $|r| < 1$ 均成立。因此,本例中我们可得到:

$$2^{-2}+2^{-4}+2^{-6}+\cdots = \frac{2^{-2}}{1-2^{-2}} = \frac{1/4}{3/4} = \frac{1}{3}$$

18.5 熔化的点

这是与詹姆斯·坦顿博士(本书作者之一)关于进制的智控爆炸机思想有所不一样的是我们把进制机内的爆炸称为熔化。我们本节探讨一个正整数的几种不同表示方法。假设我们有向两侧无限延伸的空的正方形格子,在某个地方有一个粗线把它分为左右两个部分:

图 18.1

为了表示一个正整数 n，我们将 n 个点放入紧邻粗线的左边的格子（这个格子称为单位格子）。然后智控机就可以按设定的要求开始工作了。

$\boxed{1 \leftrightarrow 5}$ 进制机

在这个机器中，无论哪个格子中有 5 个点，就会发生一次熔化：这 5 个点熔化消失，然后紧邻这个格子左边的格子生成一个新的点。比如 5 个点在一个格子 $\boxed{\ |\ |::}$，熔化后就变为 $\boxed{\cdot\ |\ }$。有时我们也需要把熔化的过程反过来：将一个格子里的一个点变为紧邻这个格子右边格子的 5 个点，这个过程我们称为爆炸。于是 $\boxed{\cdot\ |\ }$ 爆炸后就变为 $\boxed{\ |::}$。

我们如何用这个机器来表示正整数，比如 27。假设我们把 27 个点放入那个单位格子，会出现什么样的情况？答案是我们可以把每个格子都赋予一个值，这个正整数就等于格子里的点数乘以这个格子相应的位值之后，所有的乘积再求和。比如说：

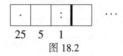

25　5　1

图 18.2

这个整数就是 $25 + 0 + 2 = 27$。写成五进制就是 102_5。

如果进制机的粗线的右边也有一些点，比如：

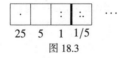

25　5　1　1/5

图 18.3

这表示 $25 + 0 + 2 + 3/5 = 27.6$。再比如，如果我们把单位盒子里面的一个点不停地重复向右爆炸，即 $\boxed{\cdot\ |\ }$ 变为 $\boxed{\ |::}$。再爆炸变为 $\boxed{\ |:|::}$。于是，我们有 $1 = 0.5 = 0.45 = 0.445 = 0.4445 = \cdots = 0.\dot{4}$。事实上，这个几何级数的确收敛到 1。

我们怎么用这个进制机来做两个数的加法呢？我们来看下面这个例子。

例 18.6

用进制机求 $2341 + 2432$。　　　　　　　　　　　　　　　　　　　■

解： 两数 m 和 n 做加法，只需把它们各自在 $\boxed{1 \leftrightarrow 5}$ 进制机中的表示合并。对这个例子来讲，我们得到 $(2+2)(2+4)(4+3)(1+2) = 4773$。但还没有完，因为这个进制机还有任意一个格子内有 5 个点就要熔化的机制。所以，当这些点发生熔化后，$4773 \Rightarrow 4823 \Rightarrow 5323 \Rightarrow 10323$。

那么如何做两个数的减法？我们来看下面的例子。

例 18.7

用进制机求 2432 − 2341。　　■

解：关键的思想是利用空心点 "∘"，它代表一个负的点。一个实心点和一个空心点在一个格子里碰撞，消失为 0。所以 $m - n$ 就是，我们把 n 在进制机表示中的点全部反转成空心点，然后与 m 在进制机中的表示相加。这样做减法就变成了做加法。具体地说，2432 − 2341 在进制机的表示为：⬚ ⬚ ⬚ ⬚ ⬚⋯。然后每个格子内一个实心点和一个空心点相互抵消。有时也需要把一个格子的点（不论空心还是实心）反熔化（爆炸）到它右边的那个格子里。你能完成剩下的工作了吗？

例 18.8

一个数乘以 5 后在进制机中的表示有何变化？　　■

解：乘以 5 表示在进制机中，格子里每个点都变成 5 个，这 5 个点又熔化成一个左边格子的。所以就相当于格子里的点都向左边移动了一个格子，而单位格子里就没有点了。也就是说，这个数乘以 5 所得结果，就是在这个数后面加了一个 0。例如 $2231_5 \times 5 = 22310_5$。这和一个十进制数乘以 10 的效果是一样的。

问题 18.1

一般地，在进制机中如何做两个数的乘法呢？　　■

$\boxed{1 \leftrightarrow 2}$ 进制机

在这个机器中，每个格子中只要有 2 个点，这 2 个点就要熔化并在左边的格子里生成一个新的点。所以，$\boxed{\vdots}$ 就会变成 $\boxed{\cdot}$。比如一开始我们有 7 个点，就得到下面的序列 $\boxed{}$ $\boxed{\vdots\vdots\vdots}$ ↦ $\boxed{}$ $\boxed{\cdot}$ $\boxed{\vdots}$ ↦ $\boxed{}$ ↦ $\boxed{}$ $\boxed{\cdot}$ $\boxed{\cdot}$ $\boxed{\cdot}$。我们一般不写出这些框图序列，而是把它记为 111。作为练习，你可以试试 19 个点的情况，并且你可以考察下这些熔化顺序对进制机内点的最终分布有无关系。

因为每个格子内的一个点相当于它左边格子的 2 个点。我们可以给每个格子赋值，例如 $\underset{8\ \ 4\ \ 2\ \ 1}{\boxed{\cdot}\ \boxed{}\ \boxed{\cdot}\ \boxed{\cdot}}$ 的值就为 $8 + 2 + 1 = 11$。毫不意外，进制机内点的分布 1011 正是 11 的二进制表示。

$\boxed{1 \leftrightarrow 10}$ 进制机

在这个进制机中，一个格子里只要有 10 个点，这 10 个点就要发生熔化并在左边的格子生成一个新的点。你能快速说出 275 在 $\boxed{1 \leftrightarrow 10}$ 进制机中的表示吗？

我们利用 $\boxed{1 \leftrightarrow 10}$ 进制机来做一个减法。考虑 275 − 246，和之前 $\boxed{1 \leftrightarrow 5}$ 进制机一样，我们利用空心点，如图 18.4 所示：

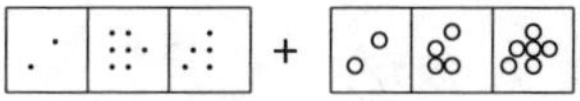

图 18.4

你能完剩下的工作吗?

用这个 $\boxed{1 \leftrightarrow 10}$ 进制机，在单位格子内放一点。然后将其爆炸在右边的格子生成 10 个点。然后将这 10 个点中的一个点又爆炸成右边格子的 10 个点，依此类推。经过无限次循环后，得到什么结果?

$\boxed{2 \leftrightarrow 3}$ 进制机

在这个进制机中，一个格子内只要有 3 个点，这 3 个点就要熔化并在左边的格子内生成 2 个点。在这个进制机内，自然数 1 ~ 15 有如下表示:

表 18.1　$\boxed{2 \leftrightarrow 3}$ 进制机表示的自然数

n	1	2	3	4	5	6	7	8	9	10	11	12	13	14	15
$R(n)$	1	2	20	21	22	210	211	212	2100	2101	2102	2120	2121	2122	21010

你可以继续完成 16 ~ 24 在此进制机中的表示。注意到，这些表示在 3, 6, 9, 15 处有个跳跃。下一个跳跃点在哪里呢? 这个机器是一个 b 进制机吗? 如果它是，那么 $\begin{smallmatrix}\cdot\cdot & \cdot & & \cdot\\ b^3 & b^2 & b & 1\end{smallmatrix}$ 的值就为 $2b^3 + b^2 + 1$。因为一个格子内的两个点相当于它右边格子内 3 个点，所以我们有 $2b = 3, 2b^2 = 3b, 2b^3 = 3b^2$ 等关系。每一个都得到 $b = 3/2$。这确实是一个 3/2 进制机!

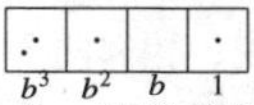

例 18.9

求 123 在此进制机中的表示。　■

解: 我们用数字序列代替框图序列: $123 = 820 = 54\,1\,0 = 36\,0\,1\,0 = 24\,0\,0\,1\,0 = 16\,0\,0\,0\,1\,0 = 10\,1\,0\,0\,0\,1\,0 = 6\,1\,1\,0\,0\,0\,1\,0 = 4\,0\,1\,1\,0\,0\,0\,1\,0 = 2\,1\,0\,1\,1\,0\,0\,0\,1\,0$。因此 123 的 3/2 进制表示为 2101100010。我们也可以用对数方程 $\log 1.5^k = \log 123$ 来知道 123 的 3/2 进制是一个 k 位数。

问题 18.2

并不是所有由 0，1，2 组成的序列在 3/2 进制的意义下都能表示一个整数。比如 2101 表示整数 10，因为

$$2 \cdot \left(\frac{3}{2}\right)^3 + \left(\frac{3}{2}\right)^2 + \left(\frac{3}{2}\right)^0 = 10$$

但 2110 却不表示一个整数，因为

$$2110 = 2 \cdot \left(\frac{3}{2}\right)^3 + \left(\frac{3}{2}\right)^2 + \left(\frac{3}{2}\right)^1$$

不是一个整数。找到由 0，1，2 组成的一个序列在 3/2 进制的意义下表示一个整数的充分必要条件。∎

$\boxed{1 \leftrightarrow x}$ 进制机

在这个机器中，一个格子里面只要有 x 个点，这 x 个点就要发生熔化并在其左边的格子生成一个新的点。这对应着多项式的运算。下面几个问题能帮助你理解如何用 $\boxed{1 \leftrightarrow x}$ 进制机做多项的除法：

1. 将多项式 $3x^2 + 8x + 4$ 在 $\boxed{1 \leftrightarrow x}$ 进制机中表示出来；

2. 将多项式 $x + 2$ 在 $\boxed{1 \leftrightarrow x}$ 进制机中表示出来；

3. 在 ⊡ 中找到所有的 ⊡；

4. 再试试 ⊡ ÷ ⊡ 。

$\boxed{1 \leftrightarrow 1,1}$ 进制机

机器中点的熔化规则为：⊡ ＋ ⊡ ＝ ⊡ 。也就是说，相邻两个格子中的各自一个点熔化生成再左边格子里新的 1 个点，如图所示：

⊡ = ⊡

我们把它形象地称为 $\boxed{1 \leftrightarrow 1,1}$ 进制机。在这个机器的最终状态中，不允许一个格子里有超过 1 个点。

对于这个进制机，我们需要左右两个方向的格子。为什么需要两个方向呢？我们很快就能知道。当然 1 的表示是很通常的 ⊡ ，图中竖黑线的出现代表了一个特别的位置，实际上就是小数点的位置。

我们用数字来代替框图有时更方便些。例如，对于 2，我们有 $2 \Rightarrow 1.11 \Rightarrow 10.01$。对应的机器框图就是 ⊡ $\Rightarrow$ ⊡ $\Rightarrow$ ⊡ 。这表明第一个格子内的一个点爆炸后在其右边的两个格子内各生成 1 个点，然后中间两个格子内的各一个点又熔化生成左边格子内的 1 个点。所以 $2 = 10.01$。同样地，我们可以得到：$3 = 11.01$，100.01，$4 = 101.01$。5 有点技巧：$5 = 4 + 1 = 101.01 + 1 = 102.01 \Rightarrow 101.12 \Rightarrow 101.1111 \Rightarrow 110.0111 \Rightarrow 1000.1001$。从 5 的表示可以容易地得到 $6 = 1001.1001 \Rightarrow 1010.0001$。

由此，我们可以进一步得到 7，8，9，10，11 的表示：因为 $6 = 1010.0001$，所以 $7 = 10000.0001$，$8 = 10001.0001$，$9 = 10002.0001 = 10001.1101 = 10010.0101$，$10 = $

10100.0101，11 = 10101.0101。

> **问题 18.3**
>
> 这是通常的一个进制表示吗？如果是，什么进制呢？［提示：有无一个实数使得 $6 = b^3 + b + b^{-4}$。］ ∎

我们可以解出

$$b = \frac{1 + \sqrt{5}}{2}$$

计算 $b^4 + b^2 + 1 + b^{-2} + b^{-4}$ 得到 11，这个机器确实一个是一个黄金分割进制机。

$\boxed{1 \leftrightarrow 1,1}$ 有黑洞的进制机

现在我们只考虑小数点左边的格子再加上小数点右边两个格子的情况，其中小数点后第二个格子我们称之为黑洞：| | | | ∞ |。它的工作原理是：任何点落入黑洞都消失，其他情况的规则同前一小节的 $\boxed{1 \leftrightarrow 1,1}$ 进制机。于是我们得到：

$1 = 1,$

$2 = 2.00 \Rightarrow 1.11 \Rightarrow 10.01 \Rightarrow 10.00 = 10,$

$3 = 2 + 1 = 10 + 1 = 11 = 100,$

$4 = 12.00 \Rightarrow 11.11 \Rightarrow 100.11 \Rightarrow 101.00,$

$5 = 4 + 1 = 102.00 \Rightarrow 101.11 \Rightarrow 110.01 \Rightarrow 1000.01 \Rightarrow 1000.00 = 1000$

同样地，我们可以得到：

$7 = 1010,\ 8 = 10000,\ 9 = 10001,\ 10 = 10010$ 和 $11 = 10100$

> **问题 18.4**
>
> 这是一个通常的进制机吗？如果是，它是什么进制？考虑 $4 = 101$，我们可以得到一个 b 使得 $4 = b^2 + 1$ 成立吗？其他情况呢？ ∎

> **问题 18.5**
>
> 证明在这个有黑洞的进制机里，对任何一个整数的表示，小数点后面两个格子都不会有点。 ∎

［提示：可以对 n 用归纳法。］

$\boxed{1 \leftrightarrow n}$ 进制机

这个机器中点的熔化规则和点所在的位置有关系。在单位格子中，它的熔化规则同 $\boxed{1 \leftrightarrow 2}$ 进制机，小数点左边第二个格子，它的熔化规则同 $\boxed{1 \leftrightarrow 3}$ 进制机，小数点左边第三个格子，它的熔化规则同 $\boxed{1 \leftrightarrow 4}$ 进制机，依此类推。

例 18.10

求 1000 在 $\boxed{1 \leftrightarrow n}$ 进制机中的表示。   ∎

解：$1000 \to 5000 \to 16620 \to 41220 \to 8122\,0 \to 121220$，因此 1000 的表示为 121220。

例 18.11

求 $7 \cdot 7! + 6 \cdot 6! + 5 \cdot 5! + 4 \cdot 4! + 3 \cdot 3! + 2 \cdot 2! + 1 \cdot 1!$ 在 $\boxed{1 \leftrightarrow n}$ 进制机中的表示。   ∎

解：这看起来很难，但用之前同样的方法，我们不难得到它的表示为 7654321。

注：比这个数大 1 的数在这进制机中的表示为 10000000，也就是说在这个 $\boxed{1 \leftrightarrow n}$ 进制机中 $8! = 10000000$。

例 18.12 1999 AHSME, Q25

存在唯一的整数 $a_2, a_3, a_4, a_5, a_6, a_7$ 使得：

$$\frac{5}{7} = \frac{a_2}{2!} + \frac{a_3}{3!} + \frac{a_4}{4!} + \frac{a_5}{5!} + \frac{a_6}{6!} + \frac{a_7}{7!}$$

其中 $0 \leqslant a_i < i$，$i = 2, 3, \cdots, 7$。求 $a_2, a_3, a_4, a_5, a_6, a_7$。   ∎

解：式子的两边都乘以 7!，我们得到：

$$3600 = 2520a_2 + 840a_3 + 210a_4 + 42a_5 + 7a_6 + a_7$$

由此可知 $3600 - a_7$ 是 7 的倍数，所以 $a_7 = 2$，因此：

$$\frac{3598}{7} = 514 = 360a_2 + 120a_3 + 30a_4 + 6a_5 + a_6$$

由此可以证明 $514 - a_6$ 是 6 的倍数，所以 $a_6 = 4$。进而 $510/6 = 85 = 60a_2 + 20a_3 + 5a_4 + a_5$。从而 $85 - a_5$ 是 5 的倍数，所以 $a_5 = 0$。依此类推，我们不难得到 $a_4 = 1, a_3 = 1, a_2 = 1$。

注：对于本题还可以使用"贪心算法"：

$$\frac{5}{7} = \frac{a_2}{2!} + \frac{a_3}{3!} + \frac{a_4}{4!} + \frac{a_5}{5!} + \frac{a_6}{6!} + \frac{a_7}{7!}$$

但最后 5 个分数都很小，以此我们肯定 $a_2 = 1$。于是：

$$\frac{3}{14} = \frac{a_3}{3!} + \frac{a_4}{4!} + \frac{a_5}{5!} + \frac{a_6}{6!} + \frac{a_7}{7!}$$

接下来我们可以用同样的思路得到其他 a_i。

18.6 负进制整数

本节我们将要研究负进制整数。和前面一样，为便于理解，我们选定一个具体的负整数 −4 为例来研究，对其他负整数进制可以举一反三。对于 −4 进制数，我们要使用数字是 0, 1, 2, 3。我们先解释一下 −4 进制数，比如 113.3_{-4}，它是一些 −4 的幂的倍数之和：

$$1 \cdot (-4)^2 + 1 \cdot (-4)^1 + 3 \cdot (-4)^0 + 3 \cdot (-4)^{-1} = 16 - 4 + 2 - 3/4 = 13.25$$

所以我们记为 $13.25 = 113.3_{-4}$。对于正整数的 −4 进制表示比较有趣，另外对于 $0 < r < 1$ 的有理数 r 的 −4 进制表示也比较有意思。结合这两种表示我们就可以表示一般的有理数，比如 13.25 等。

要找到一个整数的 −4 进制表示，我们可以用重复除法。

例 18.13

求 477 的 −4 进制表示。 ∎

解：我们可以重复地用商来除以 −4，如下：

$$
\begin{aligned}
477 &= -4 \cdot (-119) + 1 \\
&= -4(-4 \cdot 30 + 1) + 1 \\
&= -4(-4(-4 \cdot -7 + 2) + 1) + 1 \\
&= -4(-4(-4(-4 \cdot 2 + 1) + 2) + 1) + 1 \\
&= 2(-4)^4 + 1(-4)^3 + 2(-4)^2 + 1(-4)^1 + 1(-4)^0 \\
&= 21211_{-4}
\end{aligned}
$$

所以 $477 = 21211_{-4}$。

我们也可以用类似重复乘法的方法求一个分数的 −4 进制表示，下面例子的方法由埃利奥特·勒夫莫（Eliot Levmore）提供。

例 18.14

求 $\dfrac{7}{20}$ 的 −4 进制表示。 ∎

解：首先注意到这个分数是正的，所以它的 −4 进制表示形如：$1.abcd \cdots$。从而 $abcd \cdots$ 的值为

$$\frac{7}{20} - 1 = -\frac{13}{20}$$

将 $-\dfrac{13}{20}$ 乘以 -4 得到

$$\frac{52}{20} = \frac{13}{5} = 3 - \frac{2}{5}$$

所以 $a = 3$。再将 $-\dfrac{2}{5}$ 乘以 -4 得到 $\dfrac{8}{5} = 2 - \dfrac{2}{5}$，所以 $b = 2$。所以我们有：

$$\frac{7}{20} = 1.32cd\cdots$$

而再次乘以 -4，我们有

$$-\frac{2}{5} \cdot -4 = \frac{8}{5}$$

这就循环了！因此我们可以得到

$$\frac{7}{20} = 1.3\dot{2}_{-4}$$

问题 18.6

1. 证明上面例子所用方法是正确的；

2. 在 -4 进制表示中，哪些小于 1 的有理数其"个位（单位位置）"为 1？

3. 能用 -4 进制数表示的 $0.x_1x_2\cdots$ 最大有理数是什么？ ∎

$\boxed{-1 \leftarrow 4}$ 进制机

诚如其名。这个机器的工作原理是：机器中一个格子有 4 个实心点时，这 4 个点熔化并在其左边的格子生成 1 个空心点；同样，如果一个格子有 4 个空心点时，这 4 个点也熔化并生成其左边格子的 1 个实心点，如下图所示：

用这个进制机如何得到 477 的 -4 进制表示呢？首先，我们在单位格子放入 447 个点，会产生 119 次熔化，并在单位格子左边的格子内生成 119 个空心点。现在单位格子还剩 1 个点了。而这 119 个空心点又会发生 29 次熔化并再其左边格子生成 29 个实心点，而当前的格子还剩下 3 个空心点。这 29 个实心点所在格子内又发生 7 次熔化并在其左边格子内生成 7 个空心点，而当前格子还剩 1 个实心点。当前状态为：$\boxed{8\text{-}8} \boxed{\cdot} \boxed{8} \boxed{\cdot}$。最后一次熔化后的状态为：$\boxed{\cdot} \boxed{8} \boxed{\cdot} \boxed{8} \boxed{\cdot}$。但我们允许的数字为 0, 1, 2, 3，不能有负的。所以还得把那些空心点去掉。我们在图中有空心点的格子，各添上一个实心点

和一个空心点（值不变）： ，然后格子里的空心点熔化后，我们就得到
，也就是 21211_{-4}。

$\boxed{-1 \leftrightarrow 2}$ 进制机

这个机器中点的熔化规则如下图：

问题 18.7

1. 分别求出自然数 $1 \sim 10$ 在 $\boxed{-1 \leftrightarrow 2}$ 进制机中的表示。

2. 什么数用这个进制机表示为 110110101？

3. 这是一个 b 进制机吗？如果是，求 b。

4. 求 63 在这个进制机中的表示。

5. 能不用求出 1 到 $n-1$ 的表示，直接求出 n 的表示吗？

6. 求 90 在这个进制机中的表示。 ∎

例 18.15

回到 $\boxed{1 \leftrightarrow 2}$ 进制机，求 $1/3$ 在该进制机中的表示。 ∎

解： 我们将 除以 。我们首先将单位格子内的点爆炸成右边（小数点后）格子 2 个点，然后将其中 1 个点又爆炸成其右边格子的 2 个点，其中一个又继续向右爆炸，依此类推。我们得到向右的无限格子，每个格子内都只有 1 个点。所以除以 $3 = $ 后，我们就得到 $\frac{1}{3} = 0.0101010\cdots{}_2 = 0.\dot{0}\dot{1}_2$。

问题 18.8

求 $1/3$ 在 -2 进制中的表示。也就是求 $1/3$ 在 $\boxed{-1 \leftrightarrow 2}$ 进制机中的表示。 ∎

18.7 一些注记

斐波那契表示

众所周知，斐波那契数列为：

$$F_1 = 1, F_2 = 2, F_3 = 3, F_4 = 5, \cdots$$

每一项都是前两项之和，即：$F_1 = 1$，$F_2 = 2$，对 $n \geqslant 1$，$F_{n+2} = F_n + F_{n+1}$。所以这个数列为：

$$1, 2, 3, 5, 8, 13, 21, 34, 55, 89, \cdots$$

在一个整数的斐波那契表示中，我们只用到数字 0 和 1。它们代表对应的斐波那契数不出现还是出现。和之前一样我们可以用重复减法来求一个整数的斐波那契表示。

求 100 的斐波那契表示，我们首先找到不超过 100 的斐波那契数 89。然后用 100 减去它得到：$100 = 89 + 11$。对 11 重复这个过程，我们有

$$100 = 89 + 11 = 89 + 8 + 3 = 1000010100_f$$

这个记号的 1 或者 0 表明我们使用或不使用那些斐波那契数，所以

$$1000010100_f = 1F_{10} + 0F_9 + 0F_8 + 0F_7 + 0F_6 + 1F_5 + 0F_4 + 1F_3 + 0F_2 + 0F_1$$

问题 18.9

在一个整数的斐波那契表示中，任何两个 1 之间至少有一个 0，为什么？ ∎

我们也可以用两个整数的斐波那契来做两个整数的加法，比如：

例 18.16

用 87 和 31 的斐波那契表示求 $87 + 31$ 的斐波那契表示。 ∎

解：做加法时，我们会反复用到两个连续斐波那契数之和是下一个斐波那契数，我们可以列表如下：

	89	55	34	21	13	8	5	3	2	1
87		1	0	1	0	1	0	1	0	0
+31				1	0	1	0	0	1	0
		1	0	2	0	2	0	1	1	0
		1	0	2	0	2	1	0	0	0
		1	0	2	1	1	0	0	0	0
		1	1	1	0	1	0	0	0	0
118	1	0	0	1	0	1	0	0	0	0

所以 $87 + 31 = 1001010000_f$。

类似上面表格的方法，作为一个练习，你可以验证一下 21+21，$1000000_f + 1000000_f = 2000000_f = 1110000_f = 10010000_f = 34 + 8 = 42$。用斐波那契表示的乘法比较困难，你能解决这个问题吗？

注：我们之前讨论的带黑洞的进制机：

图 18.5

正是斐波那契进制机!

阶乘表示

我们讨论将一个整数表示为一些阶乘的倍数。我们会用到:

$$1 = 1!, \quad 2 = 2!, \quad 6 = 3!, \quad 24 = 4!, \quad 120 = 5!, \quad 720 = 6!, \quad \cdots$$

在一个表示中,$n!$ 的系数只能是 0 到 n。如果超过 n,比如系数为 $(n+1)$,那么 $(n+1)n! = (n+1)!$ 了。如何找到一个整数的阶乘表示呢?我们可以用重复除法。先将这个数除以 2,记下余数。再将商除以 3,记下余数。再将新的商除以 4,记下余数,依此类推。

例 18.17

求 $N = 127$ 的阶乘表示。 ∎

解: 首先将 127 除以 2,得到余数 1 和商 63。再将 63 除以 3 得到余数 0 和商 21。再将 21 除以 4 得到余数 1 和商 5。再将 5 除以 5 得到余数 0 和商 1。而 1 除以 6,商 0 余 1! 所以 $127 = 10101_!$,即 $127 = 5! + 3! + 1!$。

我们也可以对用阶乘表示的两个数做加法。看下面的例子。

例 18.18

求 $2221_! + 311_!$(十进制数 65 和 21 的加法)。 ∎

解: 因为 $65 = 2 \cdot 4! + 2 \cdot 3! + 2 \cdot 2! + 1 \cdot 1!$,$21 = 3 \cdot 3! + 1 \cdot 2! + 1 \cdot 1!$。所以:

$$\begin{array}{r} 2 \cdot 4! + 2 \cdot 3! + 2 \cdot 2! + 1 \cdot 1! \\ + 3 \cdot 3! + 1 \cdot 2! + 1 \cdot 1! \\ \hline 2 \cdot 4! + 5 \cdot 3! + 3 \cdot 2! + 2 \cdot 1! \end{array}$$

但 $5 \cdot 3! = (4+1) \cdot 3! = 4 \cdot 3! + 3! = 4! + 3!$。所以,$2221_! + 311_! + 3 \cdot 4! + 2 \cdot 3! + 2! = 3210_!$。

问题 18.10

一个整数的阶乘表示有对应的进制机么?如果有,机器中点的熔化规则是什么? ∎

素数表示

也许素数表示是最有趣的一个。我们知道每一个正整数有一个唯一的素数分解。如果我们将一个整数写为前 n 个素数方幂的乘积，并注意到 $p^0 = 1$，我们能得到：

$$1 = 2^0, \quad 2 = 2^1, \quad 3 = 3^1 2^0, \quad 4 = 2^2, \quad 5 = 5^1 3^0 2^0, \quad 6 = 3^1 2^1$$

我们把它们对应的素数方幂记成一个序列

$$1 = 0_p, \quad 2 = 1_p, \quad 3 = 10_p, \quad 4 = 2_p, \quad 5 = 100_p, \quad 6 = 11_p$$

在这个表示中 100_p 表示这个数是第三个素数的 1 次方，11_p 表示这个数是第一个素数的 1 次方乘以第二个素数的 1 次方，依此类推。

对于整数的这种表示，两个数的乘法就相当容易了，比如：$12101_p \times 21001_p = 33102_p$。你知道为什么吗？